CATALOGUE MÉTHODIQUE

DE LA

COLLECTION DES MAMMIFÈRES

DE LA

COLLECTION DES OISEAUX

ET DES COLLECTIONS ANNEXES

DU

MUSÉUM D'HISTOIRE NATURELLE DE PARIS

PARIS. — TYPOGRAPHIE PLON FRÈRES,
Rue de Vaugirard, 36.

MUSÉUM D'HISTOIRE NATURELLE
DE PARIS.

CATALOGUE MÉTHODIQUE

DE LA

COLLECTION DES MAMMIFÈRES

DE LA

COLLECTION DES OISEAUX

ET DES COLLECTIONS ANNEXES.

PAR

LE PROFESSEUR-ADMINISTRATEUR

M. Isidore GEOFFROY SAINT-HILAIRE,

Membre de l'Institut (Académie des Sciences),

ET LES AIDES-NATURALISTES

MM. Florent PRÉVOST et PUCHERAN.

PARIS.

GIDE et BAUDRY, LIBRAIRES-ÉDITEURS,

5, RUE DES PETITS-AUGUSTINS.

1851

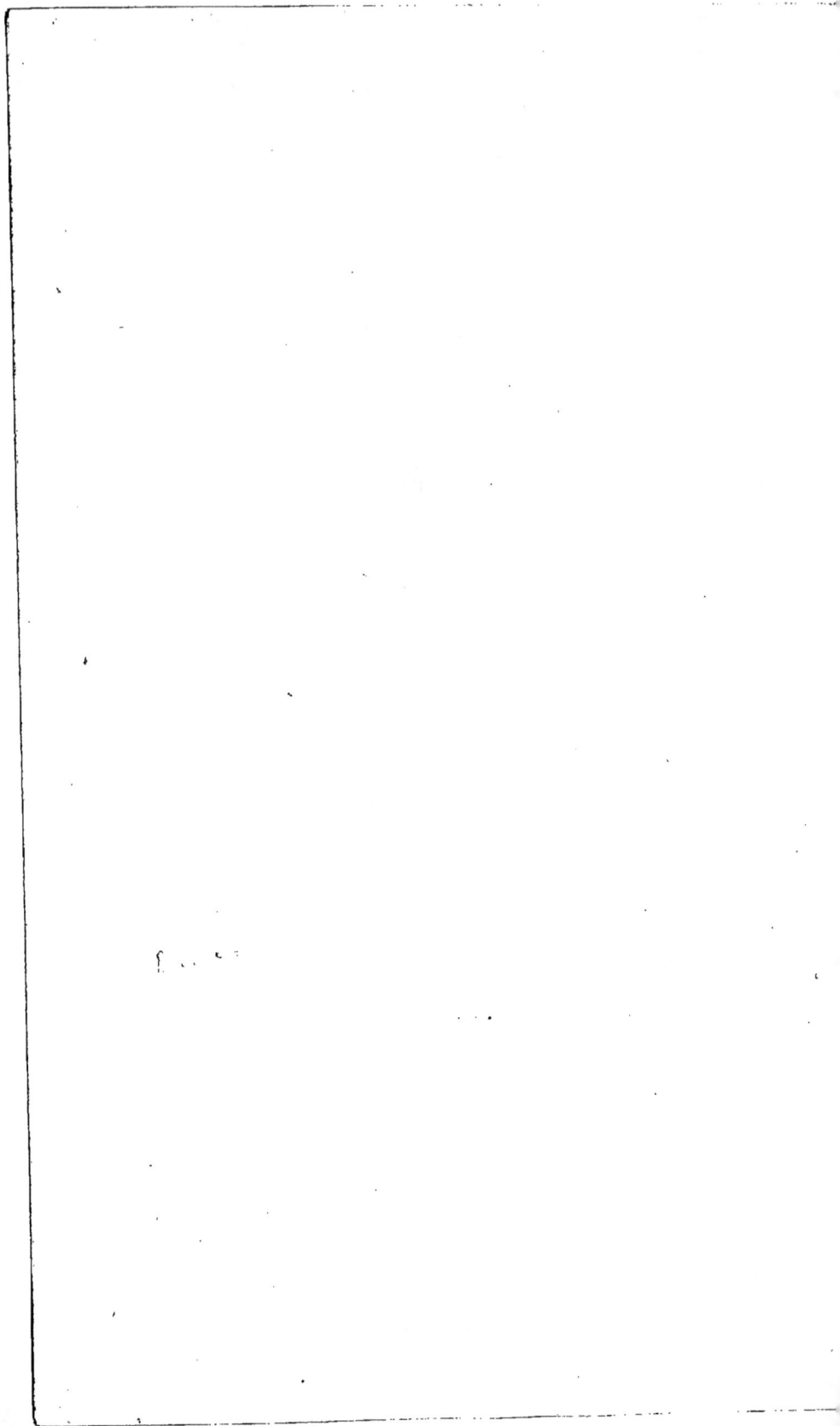

A la Mémoire

D'Étienne GEOFFROY SAINT-HILAIRE,

CRÉATEUR DE LA MÉNAGERIE
ET DES COLLECTIONS MAMMALOGIQUES ET ORNITHOLOGIQUES DU MUSÉUM,

administrées par lui depuis la réorganisation
de l'établissement, en juin 1793, jusqu'au 6 avril 1841.

« *Pour prendre l'idée la plus juste de ce qu'Étienne Geoffroy a fait pour les Col-*
» *lections du Muséum, il suffit de comparer l'état où il les trouva lorsqu'elles lui*
» *furent confiées, avec l'état où il les a laissées.*

» *En 1794 elles se composaient de quelques Mammifères et de quatre cent trente-*
» *trois Oiseaux seulement. Il n'y avait ni doubles en magasin, ni ménagerie.*

» *Aujourd'hui deux vastes galeries ne suffisent plus pour contenir les animaux de*
» *ces classes, et c'est à peine si nos magasins peuvent recevoir le reste de nos*
» *richesses. Enfin une vaste ménagerie contribue à faire du Muséum un établis-*
» *sement sans modèle.* »

(Discours prononcé par le Directeur du Muséum d'Histoire naturelle,
M. Chevreul, le 22 juin 1844.)

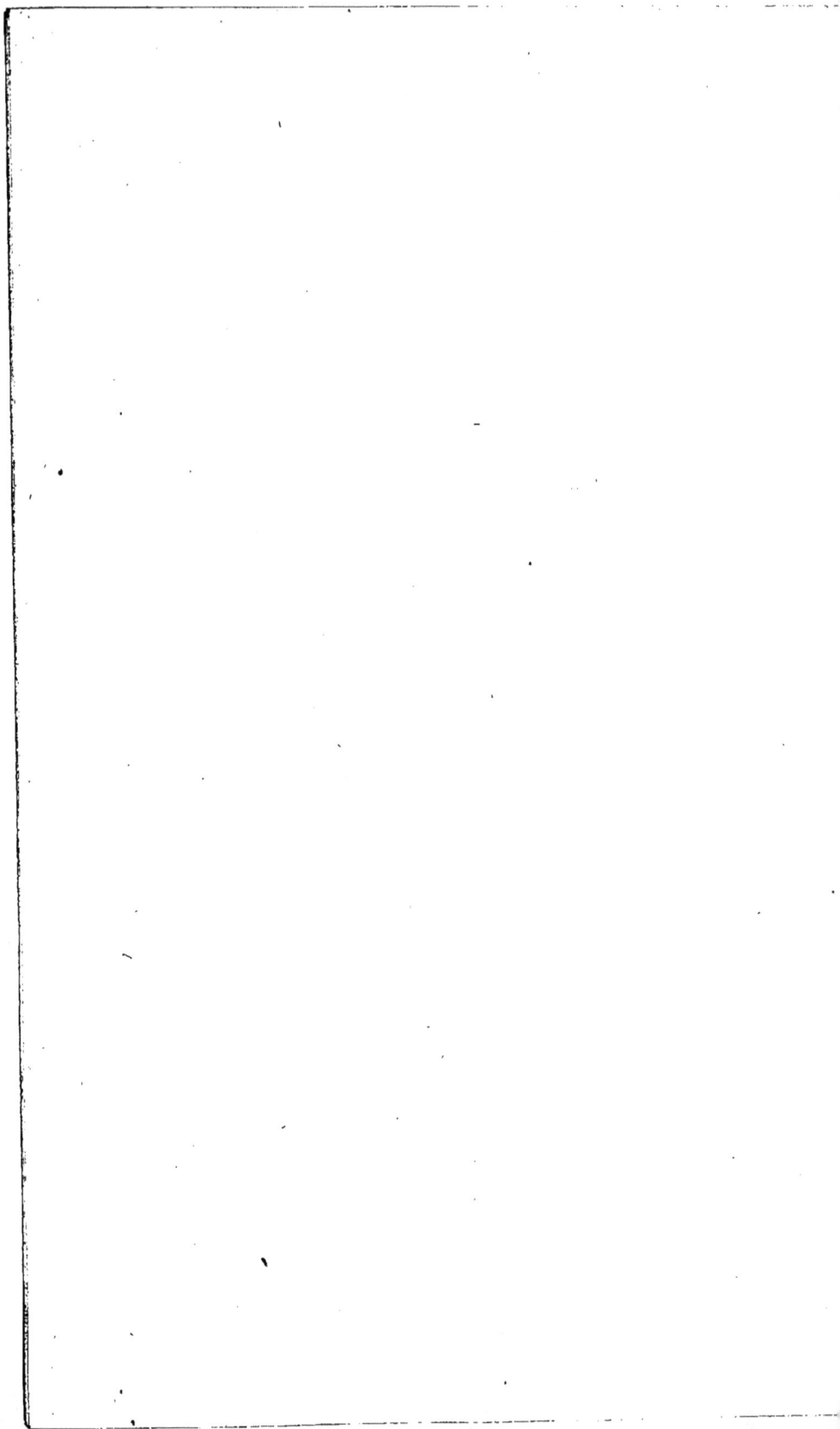

INTRODUCTION

AU CATALOGUE MÉTHODIQUE

DES COLLECTIONS DE MAMMIFÈRES ET D'OISEAUX.

L'ouvrage depuis longtemps préparé, dont je commence aujourd'hui la publication, est destiné à la fois aux naturalistes et aux étudiants qui, chaque année, fréquentent en si grand nombre les galeries zoologiques du Muséum, et aux savants étrangers qui, retenus au loin, sont privés d'étudier par eux-mêmes nos riches collections. Aider les premiers à s'en rendre un compte exact, en donner du moins à ceux-ci une juste idée, tel est le double but que je me suis proposé en entreprenant, avec les savants qui me secondent, ce long et difficile travail.

J'eusse pu à la rigueur, en faisant paraître la première partie du Catalogue, la présenter comme un *spécimen* de l'ouvrage tout entier, et me dispenser d'entrer dans aucun détail sur le plan que l'on y trouvera partout adopté.

Mais, dans un livre destiné non à être lu, mais à être consulté, dans un livre essentiellement usuel et pratique, rien ne doit être négligé de ce qui peut faire saisir immédiatement la marche suivie par l'auteur, de ce qui peut mettre en lumière l'ordre et l'enchaînement des diverses parties d'un ensemble aussi vaste et aussi complexe que le sera nécessairement ce Catalogue. Dans un ouvrage destiné spécialement à faire connaître les collections d'un établissement public, j'ai cru aussi ne pouvoir me borner à mettre sous les yeux des naturalistes les résultats obtenus par mon prédécesseur ou par moi; il m'a semblé que je devais, au moins pour les points principaux, exposer les vues qui m'ont dirigé et me dirigent dans l'administration de ces collections.

L'introduction que l'on va lire, a encore un autre objet. Je ne pouvais décrire les riches collections du Muséum sans rappeler d'abord les travaux par lesquels elles ont été créées et successivement développées; devoir doublement sacré pour moi, qui vais retrouver ici au premier rang le nom qui m'est le plus cher.

I. NOTIONS HISTORIQUES SUR LES COLLECTIONS DE MAMMIFÈRES ET D'OISEAUX.

Le grand établissement qu'illustrèrent au dix-huitième siècle Buffon et les Jussieu, et dont la splendeur n'a pas été moindre dans le nôtre, cette *Métropole des sciences naturelles*, ainsi qu'on l'a nommé, était loin à son origine d'être appelé à d'aussi hautes destinées. Les lettres patentes de Louis XIII qui l'instituèrent en 1626, l'édit du même roi qui le créa définitivement en 1635, et la direction que donna à ses premiers travaux son fondateur Guy de la Brosse, en firent surtout un établissement médical et pharmaceutique, placé à ce titre sous l'autorité du médecin du roi : le *Jardin royal des plantes médicinales*, ce fut son premier nom, était presque exactement ce que sont aujourd'hui nos écoles de pharmacie (1). Mais le mérite des hommes qui furent appelés à en occuper les chaires, lui firent bientôt franchir le cercle dans lequel

---

(1) Sous la direction du médecin du roi, trois *conseillers-médecins* y devaient, aux termes de l'édit royal, « faire aux écoliers la démonstration de l'intérieur des plantes et de *tous les médicaments*, et tra- » vailler à la composition de toute sorte de drogue par voie simple et chimique. »

son institution semblait devoir le renfermer. La science proprement dite y prit de jour en jour plus de place, et le *Jardin royal des Plantes*, ainsi qu'on le nomma au dix-huitième siècle, devint cette grande école où des maîtres illustres enseignaient, devant des élèves venus de toutes les parties de l'Europe, la botanique, la physiologie végétale, l'anatomie humaine et la chimie.

Par l'extension même qu'il venait de recevoir, l'établissement était manifestement appelé à s'étendre encore : après Buffon surtout, on pouvait prévoir qu'il embrasserait bientôt l'ensemble des sciences naturelles, et que la zoologie en particulier y marcherait un jour de pair avec la botanique. On sait généralement que la transformation du *Jardin royal des Plantes* en *Muséum d'histoire naturelle*, décrétée en 1793 par la Convention, fut surtout l'œuvre de Lakanal, si justement nommé par la reconnaissance de nos prédécesseurs le *second fondateur* de l'établissement. Ce que l'on sait moins, et ce qu'il importe à plus d'un titre de faire connaître, c'est que l'organisation nouvelle qu'a établie ce décret, et qui, souvent menacée, est néanmoins restée intacte jusqu'à ce jour, est loin d'avoir été improvisée par Lakanal, comme on l'a dit si souvent, sous l'empire des circonstances du moment ; elle avait été, au contraire, mûrement élaborée par les hommes les plus expérimentés et les plus compétents. Dès 1790, les *officiers* du Jardin royal des Plantes, Daubenton, Lacépède, Desfontaines, Lamarck, Thouin, Fourcroy et leurs collègues avaient unanimement proposé la reconstitution de l'établissement sur les bases que Lakanal a fait admettre trois ans plus tard (1).

C'est de la réorganisation du Muséum, en 1793, que datent véritablement ces collections zoologiques et zootomiques, devenues aujourd'hui si considérables. Les professeurs-administrateurs qui furent alors institués, sont aussi bien les créateurs de ces immenses richesses scientifiques, que de l'enseignement pour lequel elles sont utilisées depuis soixante ans. Et ils ne les ont pas seulement créées ; ils les ont portées par eux-mêmes à un degré de splendeur qu'eux-mêmes assurément étaient loin de prévoir au début de leurs travaux, et dont leurs successeurs se feront toujours un devoir de garder et de rappeler le souvenir.

Ce devoir de justice et de reconnaissance était surtout impérieusement prescrit au professeur qui occupe aujourd'hui la chaire de Mammalogie et d'Ornithologie, où il a eu l'honneur de succéder à son père, après l'avoir longtemps secondé comme aide dans ses travaux. On n'a pas seulement ici à rappeler, mais à rétablir la vérité.

Comment concevoir que Buffon ait écrit l'*Histoire naturelle* sans laisser réunis après lui un riche cabinet mammalogique et ornithologique ? On sait que, de toute part, des dons précieux lui étaient adressés par des admirateurs, heureux de lui être utiles et de lui rendre hommage (2). Avant tout examen, et sur ces seuls souvenirs, il semble donc que la création des collections mammalogiques et ornithologiques doive être reportée a une époque très-antérieure à la réorganisation du Jardin des Plantes ; qu'elle doive remonter à Buffon lui-même. C'est, en effet, ce qu'ont supposé quelques auteurs, et à tous les titres de notre grand naturaliste, ils ont cru devoir ajouter celui de créateur de cette riche collection de Mammifères et d'Oiseaux que chacun admire au Muséum.

(1) L'Assemblée constituante, par un décret en date du 20 août 1790, avait déjà admis en principe la nouvelle organisation projetée par les *officiers* du Jardin des Plantes, et les avait chargés de préparer un règlement général dans le sens de leurs vues.
(2) Malheureusement la plupart des objets envoyés à Buffon n'ont pas été montés. On choisissait ceux qui offraient, selon l'expression de M. Deleuze, le plus d'éclat *pour les yeux* du public. Le reste, laissé dans les caisses, ne tardait pas à être attaqué par les insectes.

Ces auteurs se sont trompés, et je dois d'autant plus relever leur erreur, que s'écarter ici de la vérité historique, c'est s'écarter en même temps de la justice. Les collections mammalogiques et ornithologiques, comme toutes les autres collections zoologiques, datent véritablement du jour où un enseignement régulier sur l'histoire naturelle des animaux fut enfin institué au Muséum. De ce jour seulement elles pouvaient être utiles; et au lieu d'un dépôt d'objets exposés sans ordre à la curiosité publique, et presque aussi pauvre que le sont aujourd'hui les plus humbles musées de province, on commença ces belles séries zoologiques dont l'accroissement a été depuis continu et toujours de plus en plus rapide.

L'histoire de la formation et des premiers développements des collections du Muséum intéresse assez la science pour que je ne craigne pas d'entrer ici dans quelques détails.

Lorsqu'en 1793, M. Geoffroy Saint-Hilaire fut appelé, à peine âgé de vingt et un ans, à la chaire qu'il a occupée durant près d'un demi-siècle, il n'existait aucun Catalogue, même abrégé, des objets contenus dans ce qu'on appelait alors les *salles* de l'histoire naturelle des animaux (1). Mais il est un document qui peut en tenir lieu, comme relevé numérique du moins : il est dû à M. Dufresne. Nommé aide des professeurs de zoologie très-peu de temps après la réorganisation du Jardin des Plantes, l'un de ses premiers soins avait été de se rendre compte de l'état des collections qui lui étaient confiées. Voici ce que trouva M. Dufresne (2). Les Mammifères étaient en très-petit nombre : un beau Zèbre, un Tapir, plusieurs Singes, quelques autres encore. Les Oiseaux avaient été souvent cités, avec les Insectes et les Coquilles, comme l'une des parties les plus riches du cabinet : cette prétendue richesse, et l'on pourra juger par cet exemple des parties réputées pauvres, se réduisait à *quatre cent trente-trois individus* préparés au soufre et brûlés par ce mode vicieux de conservation.

C'est là tout ce que l'ancien Jardin des Plantes avait légué au Muséum d'histoire naturelle ! Et l'on peut maintenant décider si le créateur de la Ménagerie du Muséum n'a pas été aussi le véritable fondateur de ses Collections mammalogiques et ornithologiques.

Chacun sait quel rapide accroissement elles ont reçu ! Dès 1803, enrichies par les voyages de Péron et Lesueur autour du monde, et de M. Geoffroy Saint-Hilaire lui-même en Égypte, elles étaient citées comme *le plus précieux dépôt de ce genre* qui existât en Europe; et depuis, elles ont été plus que décuplées. Les voyageurs-naturalistes du Muséum, les expéditions faites par les ordres des ministres de la marine, de la guerre, de l'instruction publique, de l'agriculture, les médecins et officiers de la marine ont rivalisé de zèle pour nous enrichir des productions de toutes les parties du globe. C'est en vain que je voudrais citer ici tous les noms qui rappellent de véritables services rendus aux collections mammalogiques et ornithologiques du Muséum; le nombre en est si grand que je ne puis que renvoyer aux livraisons successivement publiées

(1) Daubenton avait dressé seulement une liste des squelettes de Mammifères qui avaient été préparés par ses soins. Ces squelettes furent trouvés, lors de la réorganisation de l'établissement, dans les combles du cabinet, où ils étaient relégués loin de la vue du public, et, selon une expression de Cuvier, *entassés comme des fagots*. Ils étaient au nombre de 95. C'étaient les squelettes, les uns d'animaux communs du pays, d'autres, d'animaux exotiques provenant de la ménagerie de Versailles.

(2) Les renseignements qui suivent sont empruntés à un Rapport à l'Assemblée des professeurs-administrateurs du Muséum, en date de 1833. J'ai donné un extrait textuel de ce rapport dans mon ouvrage intitulé : *Vie, travaux et doctrine scientifique d'Étienne Geoffroy-Saint-Hilaire*, chap. II, p. 36 et 37.

Le passage du discours de M. Chevreul, cité plus haut (voyez la dédicace), est emprunté en partie au même document.

de ce Catalogue. Il en est toutefois qui, inscrits presque à chacune de nos pages, ont des droits particuliers à notre reconnaissance et que je ne saurais renoncer à signaler dès ce moment à nos lecteurs. Tels sont, entre tous, pour l'Afrique continentale, ceux de M. Delalande qui, par ses seules explorations au cap de Bonne-Espérance, a enrichi le Muséum de plus de quatorze mille animaux; de ses neveux et dignes continuateurs MM. Verreaux; de M. Levaillant et de ses collègues de l'expédition en Algérie, et de MM. d'Arnaud, Petit et Quartin Dillon, dont les voyages dans le nord-est et l'intérieur de l'Afrique ont offert un si grand intérêt pour la zoologie géographique; pour Madagascar, de MM. Goudot et Bernier; pour l'Asie et ses archipels, de MM. Duvaucel, Diard, Dussumier, Leschenault, Reynaud; pour l'Océanie, de MM. Quoy et Gaimard, Garnot et Lesson, Eydoux et Souleyet, d'Urville, Hombron et Jacquinot, Jaurès; pour l'Amérique enfin, dont M. Geoffroy Saint-Hilaire, par son voyage en Portugal, avait procuré avant tous au Muséum les riches productions (1), du même M. Delalande, de MM. Martin, Maugé, Poiteau, Milbert, Auguste de Saint-Hilaire, Plée, d'Orbigny, Gay, Castelnau et Deville, et tout récemment de M. Léwy.

Je ne saurais terminer ce résumé, sans citer des noms illustres qui appartiennent à d'autres titres à l'histoire des Collections du Muséum; ceux de M. de Lacépède et de M. Cuvier, suppléants de leur collègue et ami, l'un, durant l'expédition d'Égypte; l'autre, durant son voyage en Portugal, et depuis à plusieurs reprises. M. Cuvier a même presque exclusivement dirigé pendant cinq années, celles où il préparait le *Règne animal*, la collection ornithologique dont il avait désiré faire une étude toute spéciale, et que son collègue s'était empressé de mettre à sa disposition. A la même époque, M. le professeur Valenciennes, alors aide-naturaliste, avait été chargé de la détermination des espèces de cette collection, et plusieurs mémoires ou notices publiés par lui rappellent d'une manière durable la très-grande part qu'il prit alors à un travail, continué depuis par M. Florent Prévost, par moi-même, et depuis plusieurs années, avec un soin si consciencieux et un zèle si soutenu, par mon aide et ami M. le docteur Pucheran.

Il est presque superflu de rappeler ici avec quelle libéralité les collections ont toujours été ouvertes, sous la longue administration de M. Geoffroy Saint-Hilaire, aux études et aux recherches des savants de tous les pays : leur reconnaissance à cet égard s'est exprimée par des témoignages auxquels on ne saurait rien ajouter. Le professeur actuel s'est toujours fait un plaisir autant qu'un devoir de continuer ces généreuses traditions; il n'y a pas en Europe, il croit pouvoir l'affirmer, un seul naturaliste qui, venu à Paris pour y achever ou revoir une monographie ou même un ouvrage étendu, n'ait eu aussitôt à sa libre disposition tous les objets utiles à ses recherches, sous la seule réserve des précautions indispensables à la conservation des collections.

Il est résulté de là qu'un très-grand nombre d'espèces nouvelles du Muséum, au lieu d'être pour la première fois décrites par les naturalistes attachés à l'établissement, l'ont été, soit par d'autres naturalistes français, soit même par des naturalistes étrangers; non, je dois l'avouer, sans que plus d'une fois des reproches me fussent adressés, dans l'intérêt, disait-on, de l'établissement et de la science française. J'ai été peu touché de ces reproches et de ces critiques; j'ai continué et je continuerai à agir comme j'avais agi par le passé, et selon un exemple que je dois à double titre aimer et respecter.

(1) La collection que M. Geoffroy Saint-Hilaire a formée, en 1808, en Portugal, renfermait, avec un très-grand nombre d'espèces brésiliennes, des espèces de l'Inde, de l'archipel indien et de la Guinée.

J'attache pour ma part peu d'importance au vain honneur de dénommer par moi-même (1) quelques espèces ou quelques genres nouveaux de plus : la matière est riche, elle est inépuisable ; et le Catalogue actuel en fournirait la preuve, s'il pouvait être besoin de la donner. Comme professeur-administrateur des collections, j'ai placé ailleurs pour elles mon ambition : qu'elles servent le plus possible ; que tous les travailleurs, de quelque pays qu'ils viennent, y trouvent des secours dont la science doit profiter ; qu'elles ne soient pas seulement, et, dans toute la valeur de ce mot, collections nationales, mais en quelque sorte européennes ; et que le Muséum justifie ainsi une fois de plus le beau titre, rappelé plus haut, qu'il recevait dès 1790 de nos illustres prédécesseurs : qu'il reste la *Métropole des sciences naturelles*.

II. OBJET ET PLAN DU CATALOGUE.

L'un des moyens les plus efficaces d'ajouter à l'utilité de nos collections, c'est évidemment la publication d'un Catalogue détaillé, raisonné et méthodique.

La pensée d'une telle publication a pris naissance dans l'esprit de mon vénéré prédécesseur à une époque fort ancienne déjà, on peut même dire dès le jour où, par ses soins, les collections eurent pris assez d'extension et d'intérêt pour que leur description pût être réellement utile aux progrès de la zoologie. Et depuis, les naturalistes chargés au Muséum de la direction et de la détermination des collections mammalogiques et ornithologiques, n'ont jamais cessé de diriger leurs travaux en vue de la publication d'un catalogue digne de l'état présent de la science, et digne aussi du grand établissement dont les richesses sont confiées à nos soins.

Ici encore, pour ma part, je n'ai eu qu'à suivre l'exemple de mon prédécesseur, qu'à entrer dans une voie largement ouverte par lui. Le *Catalogue des Mammifères du Muséum national d'histoire naturelle*, rédigé par Étienne Geoffroy Saint-Hilaire, en partie avant son départ pour l'Égypte, en partie après son retour, et imprimé en 1803 (2), catalogue descriptif accompagné de caractéristiques et de descriptions abrégées, est un tableau, très-précieux à consulter, de l'état des collections mammalogiques du Muséum vers le commencement de ce siècle. On peut dire qu'elles étaient alors aussi riches, comparées à ce qu'elles avaient été quelques années auparavant, qu'elles semblent pauvres lorsqu'on les compare à nos richesses actuelles.

La rédaction d'un nouveau Catalogue m'a constamment occupé, soit de 1825 à 1841, époque où je n'avais l'honneur d'appartenir au Muséum que comme aide-naturaliste, soit dans ces dernières années. Dès 1830, j'ai présenté à l'assemblée des professeurs-administrateurs une première partie, dont une copie a été mise à la disposition des naturalistes qui ont désiré la consulter. J'ai cru, un peu plus tard, pouvoir rendre le Cata-

---

(1) J'ai toujours, au contraire, attaché beaucoup de prix à ce que les genres ou espèces nouvellement découverts fussent décrits d'après les individus du Muséum, et par conséquent à ce que ceux-ci en devinssent les *types*. On verra plus bas (p. VIII) que l'une des améliorations que j'ai le plus cherché, et fort anciennement déjà, à réaliser dans la collection, c'est la représentation de chaque espèce par un ou plusieurs des sujets sur lesquels elle a été établie. Les facilités que les naturalistes étrangers au Muséum y ont de tout temps trouvées, nous ont considérablement enrichis dans ce sens, et ont donné à notre collection, au point de vue scientifique, une valeur inestimable.

(2) Un volume in-8°. Ce volume n'a jamais été mis en vente ; mais il a été distribué, tant à l'étranger qu'en France, à un assez grand nombre de zoologistes, et il est cité dans tous les traités de mammalogie. J'ai dit ailleurs (*Vie et travaux de Geoffroy-Saint-Hilaire*, chap. IV, p. 115 et suiv.) pour quels motifs l'auteur n'a ni laissé mettre en vente, ni même achevé ce livre, auquel il eût fallu ajouter une feuille pour le rendre complet.

logue plus généralement utile en le livrant à l'impression, après l'avoir revu et en avoir modifié la forme ; et l'Assemblée des professeurs voulut bien alors accueillir avec faveur le projet de publication que je lui avais soumis (1).

Il fallut cependant l'ajourner, et je dus en attendant la solution des difficultés de divers genres qui s'étaient élevées, difficultés inévitables dans un tel ouvrage, le délaisser pour d'autres travaux. Si, en effet, un Catalogue méthodique et raisonné doit, par sa nature même, être préparé de très-longue main, il convient de ne s'occuper de sa rédaction définitive qu'au moment même où il peut-être mis sous presse : autrement on consumerait son temps et ses efforts en corrections successives et toujours inutiles.

C'est ainsi que je suis arrivé jusqu'à l'année 1850 sans avoir livré à l'impression un travail qui m'avait surtout occupé de 1829 à 1835, et qu'il m'a fallu refondre entièrement dans ces derniers temps. Chacun sait combien, dans le cours de ces vingt-deux années, la science s'est modifiée, et il suffit de jeter les yeux sur quelques pages du Catalogue pour voir aussi quel immense accroissement ont reçu les collections du Muséum dans le même espace de temps.

La première partie qui paraît aujourd'hui renferme le Catalogue des Mammifères de l'ordre des Primates. Plusieurs autres parties pourront être mises prochainement sous presse (2).

Ce Catalogue formera nécessairement deux séries principales, ou pour mieux dire deux ouvrages distincts : le Catalogue des Mammifères, celui des Oiseaux, comprenant toutes les indications relatives, soit aux individus montés, soit à la collection des objets conservés dans l'alcool, soit aux moules et daguerréotypes qui sont parfois mis à côté des animaux montés pour en faciliter ou compléter l'étude (3). En outre, des collections annexes, qui existent ou sont en voie de formation au Muséum, donneront lieu

(1) La lettre suivante, en date du 23 décembre 1835, est la réponse que je reçus de l'Assemblée administrative du Muséum. Elle montrera combien la publication de catalogues scientifiques a toujours occupé, et l'Assemblée elle-même, et chacun de ses membres.

Au Jardin des Plantes, ce 23 décembre 1835.

« L'Assemblée des professeurs-administrateurs du Muséum m'a chargé de vous témoigner le vif intérêt que
» lui a fait éprouver la communication de votre projet de publication. L'ouvrage que vous méditez comblera
» une lacune scientifique, donnera un nouveau lustre aux collections des Mammifères du Muséum...
    « Après la lecture de votre lettre, plusieurs de nos collègues ont déclaré qu'ils projetaient des publications
» analogues à celles que vous préparez, et ces communications ont fait naître le désir et la pensée qu'il y
» aurait un grand avantage pour le Muséum que ces Catalogues savants et raisonnés pussent être publiés
» sous un format à peu près semblable, de manière à former dans les grandes bibliothèques une sorte de
» grand corps d'ouvrage. Vous approuverez probablement aussi cette idée. Pour essayer de mettre cette
» harmonie désirable entre toutes les publications, l'Assemblée a cru qu'il était convenable de réunir une
» commission, et elle s'est empressée de vous y adjoindre... »

(2) La partie qui paraîtra le plus prochainement est le catalogue des Carnassiers, par M. le docteur Pucheran. Une partie du Catalogue ornithologique paraîtra ensuite.

Le catalogue de chaque ordre sera paginé séparément, et formera, dans l'ensemble de l'ouvrage, une section et comme un ouvrage spécial, publié, selon son étendue, en un seul cahier ou en plusieurs livraisons consécutives.

Une table générale et des tableaux de classification relieront plus tard les catalogues partiels en un corps d'ouvrage.

(3) Je regarde comme très-propre à favoriser les études zoologiques, une série de moules coloriés de têtes, de pieds, d'organes de la génération, faits d'après les animaux de la Ménagerie aussitôt après leur mort. M. de Blainville a fait faire, le premier, quelques moules, et les artistes ne lui en ont pas moins su gré que les naturalistes.

Les perfectionnements faits de jour en jour par l'art photographique, l'extrême rapidité avec laquelle on obtient maintenant des images satisfaisantes, m'ont suggéré la pensée d'ajouter parfois aux objets en nature et aux moules, des daguerréotypes faits d'après le vivant, afin de saisir, pour ainsi dire à la volée, la pose et la physionomie elle-même de l'animal. De telles figures ne pourront sans doute jamais tenir lieu de dessins faits avec soin; mais elles auront leur utilité propre, et non moins grande peut-être. J'ai présenté il y a quelques années (1848), à l'Académie des Sciences, les premiers essais de cette application.

à la publication de livraisons complémentaires. L'une est la collection des œufs et nids d'oiseaux, anciennement commencée et déjà fort riche (1). Une autre, ancienne aussi, est celle des animaux domestiques dont le Catalogue, pour offrir un intérêt réel, doit être dressé à part, et sur un plan un peu différent (2). Deux autres, naissantes encore, mais qui pourront mériter à leur tour dans quelques années les honnèurs de la publication, sont une collection de figurines, statuettes, médailles et autres monuments d'iconographie zoologique, et une suite d'échantillons de fourrures, laines, plumes d'ornement et autres produits utiles des animaux : l'une destinée à intéresser un jour, nous l'espérons, les naturalistes et les archéologues ; et l'autre, les agronomes et les industriels (3).

Je me suis réservé la rédaction de plusieurs parties du Catalogue, et parmi elles, de la première. Parmi les autres, la plupart seront l'œuvre de M. le docteur Pucheran, spécialement chargé, comme aide attaché aux Galeries, de la détermination des collections. D'autres seront rédigées par M. Florent Prévost, aide-naturaliste et chef du laboratoire, qui veut bien s'occuper en particulier du Catalogue des œufs et des nids. Enfin je n'ai pas hésité à accepter, pour les groupes à l'étude desquels ils se livrent spécialement ou dont ils ont récemment refait la monographie, le bienveillant concours de quelques naturalistes, désireux de contribuer à ce tableau de la collection nationale (4). J'espère, avec ces secours, pouvoir mener à bonne fin, en quelques années, une entreprise dont toute la difficulté ne sera peut-être aperçue que de ceux qui y auront pris part.

Un Catalogue ne doit être, d'après son titre même, ni un *species*, ni, encore bien moins, un traité de la branche de la science à laquelle il se rapporte ; mais j'aurais cru lui ôter une grande partie de l'intérêt et de l'utilité qu'il peut présenter, si je l'avais réduit à une simple énumération des espèces et des individus que nous possédons, si je n'y avais introduit quelques indications scientifiques sur les ordres, les genres et les espèces dont je traite. Sans ces indications, il n'eût pas mérité de franchir l'enceinte du Muséum. S'il eût pu être consulté avec quelque fruit, c'est seulement, en

(1) Faute de place, la Collection des œufs et une partie des nids n'ont pu être exposés dans les Galeries. L'Assemblée administrative du Muséum ayant bien voulu approuver des dispositions qui ont pour but de parer à ce grave inconvénient, j'ai l'espoir qu'avant la fin de 1852, la Collection des œufs et des nids sera mise tout entière sous les yeux des zoologistes.

(2) Cette collection doit avoir pour complément, en ce qui concerne les races chevalines et bovines que leur taille ne permettrait pas de représenter suffisamment dans nos Galeries, une suite de figures soit originales, soit copiées ou extraites de divers ouvrages. Je saisis cette occasion de remercier M. Monny de Mornay, directeur de l'agriculture, qui a bien voulu mettre à ma disposition et me promettre les figures qu'a fait ou fera exécuter le ministère de l'agriculture et du commerce.

(3) Ces deux collections sont très-peu avancées encore. Pour l'une, je ne puis que saisir les rares occasions d'obtenir par don ou échange les objets qui doivent la composer ; car les fonds d'acquisition, alloués à la zoologie, ne peuvent être détournés de leur destination, à laquelle ils ne suffisent même pas.

Pour la seconde, la difficulté est tout autre ; elle est dans le défaut d'emplacement. Il me sera très-facile de réunir, et presque sans dépense, une suite très-riche et très-intéressante de fourrures, laines, plumes et autres produits, aussitôt que je serai en mesure de les recevoir et de les disposer dans des locaux convenables.

(4) M. Charles Bonaparte est le premier qui m'ait offert, pour l'ornithologie, un concours que j'ai été heureux d'accepter, notamment pour quelques groupes de Passereaux. M. Malherbe, qui s'occupe d'une manière spéciale des Picidés, et qui a porté si loin la connaissance de ces Zygodactyles, a déjà préparé, pour cette famille, le catalogue de nos espèces et de nos principaux individus. M. Des Murs, qui, depuis plusieurs années, a fait une étude si approfondie et si heureuse de l'oologie, veut bien, de concert avec M. Florent Prévost, se charger du difficile Catalogue des œufs et des nids. Dans le Catalogue des animaux domestiques, M. Alphonse Blanc, qui se livre depuis plusieurs années à des études approfondies sur la zootechnie en même temps que sur la zoologie, se chargera des races et des principaux individus appartenant aux genres *Bos*, *Ovis* et *Capra*.

présence même des collections, par les personnes qui viennent chaque année, de divers
points de la France et de l'étranger, les passer en revue; et encore pour ceux-là
seulement qui, déjà très-familiers avec la science, n'ont besoin que d'avoir les objets
eux-mêmes sous les yeux pour y apercevoir tout ce qui les intéresse.

J'ai cru rendre le Catalogue d'un usage plus général, en le considérant comme destiné aussi, en premier lieu, à guider dans l'étude des ordres, des familles, des genres,
des espèces, les jeunes naturalistes et médecins qui suivent les cours du Muséum; en
second lieu, à donner à tous les zoologistes, et principalement aux directeurs des
Musées provinciaux, les renseignements dont ils ont besoin sur l'ordre suivi dans nos
collections (1) et sur les richesses scientifiques qu'elles possèdent.

C'est à l'usage des premiers que j'ai cru devoir donner, pour chaque ordre, famille,
tribu et genre, non sa caractéristique complète et détaillée, telle qu'on la trou-
verait dans un traité, mais du moins ses caractères indicateurs. Les caractères des
divers groupes sont placés en regard les uns des autres, de manière à être facilement
saisis; la division de chaque tribu en genres est présentée sous la forme de tableaux
synoptiques. J'ai cru pouvoir simplifier et faciliter beaucoup l'étude de la Collection par
ces notions préliminaires, ainsi que par de nombreuses remarques faites, soit dans le
texte même, soit en note, sur les difficultés de classification, de détermination, de
synonymie, qui se présentent à chaque instant en zoologie. Enfin j'ajouterai que dans
chaque genre, lorsque les espèces sont nombreuses, on les trouvera divisées en sections et parfois subdivisées en petits groupes d'après des caractères faciles à constater,
de manière que l'on n'ait à comparer finalement entre eux qu'un très-petit nombre de
types spécifiques.

Les renseignements qui m'ont paru pouvoir être utiles aux travaux des naturalistes,
se rapportent surtout à quatre points : les espèces nouvelles, les espèces mal connues,
les variétés, les individus types. Pour chacune des premières, on trouvera une caractéristique que j'ai cherché à rendre aussi exacte que possible, et de plus à éclaircir par
quelques remarques complémentaires, toutes les fois que la distinction est difficile; ces
espèces seront d'ailleurs bientôt décrites avec détail, et plusieurs même figurées, dans
les *Archives du Muséum*. J'ai cherché à compléter et à assurer de même, par des caractéristiques plus exactes ou par des remarques faites dans le texte ou en note, la
détermination des secondes, de celles du moins qui doivent être définitivement admises;
car j'ai reconnu que plusieurs ne sont que nominales, et doivent être retranchées.

J'ai indiqué ou décrit brièvement les nombreuses variétés que possède le Muséum,
soit celles qui dépendent du sexe ou de l'âge, soit les variétés anomales par albinisme
ou de toute autre nature.

Quant aux *individus-types*, j'ai donné à leur indication un soin spécial. Il y a
plus de vingt ans que, soit comme aide-naturaliste, soit comme professeur et admi-
nistrateur des collections, je m'efforce de leur donner une valeur scientifique nouvelle
et un intérêt de plus pour les zoologistes, en y représentant chaque espèce, autant
que cela est possible, par l'individu même ou l'un des individus sur lesquels elle a été
établie. J'ai eu la satisfaction d'obtenir dans cette voie des résultats qui ont de

---

(1) Je dois prévenir qu'on ne trouvera pas toujours les animaux rangés dans nos armoires comme ils le
sont dans ce Catalogue. D'une part, les armoires sont non-seulement pleines, mais *encombrées*; et le défaut
de place nuit souvent à l'ordre scientifique. De l'autre, les armoires sont loin d'avoir partout la même lar-
geur et la même profondeur, et l'on est obligé, fût-ce contrairement à l'ordre scientifique, de réserver les
plus grandes armoires pour les plus grandes espèces.

beaucoup surpassé mon attente. Il suffit de feuilleter le Catalogue ou de parcourir les Galeries, dans lesquelles nos *individus-types* portent tous une indication spéciale, pour reconnaître combien ils sont déjà nombreux. Non-seulement on y verra, avec les types précieusement conservés de quelques-unes des espèces de Buffon, ceux de presque toutes les espèces pour la première fois décrites par les naturalistes français de notre siècle; mais ceux même d'un assez grand nombre d'espèces établies à l'étranger. Que l'on jette, par exemple, les yeux sur l'armoire des Colobes ou sur la page du Catalogue qui est consacrée à ces singuliers Singes tétradactyles, on y trouvera, après une espèce d'abord décrite au Muséum, trois autres espèces établies, l'une par un naturaliste allemand, M. Ruppell, la seconde par un naturaliste anglais, M. Ogilby, la troisième par un naturaliste belge, M. Van Beneden : grâce à d'heureux échanges, toutes trois sont représentées dans notre Collection par des *individus-types*, et l'une d'elles même par l'individu unique sur lequel elle a été fondée. Je ne citerai que cet exemple; mais il suffit pour donner une idée de ce que nous avons déjà fait dans cette voie, désireux d'éviter aux naturalistes la nécessité de ces longues et pénibles vérifications qui, après avoir enlevé à leur observation un temps précieux, les laissent souvent encore dans le doute. Je rappelle ici des difficultés trop connues de tous les travailleurs pour qu'il soit utile d'insister ici sur elles.

On trouvera indiqués dans le Catalogue, avec le même soin que les individus-types de leur espèce, ceux qui ont donné lieu à des travaux importants; ceux-ci ont souvent pour la science un intérêt aussi grand que les premiers eux-mêmes. Les individus dont l'origine géographique est exactement connue, sont de même tous indiqués, avec les noms des voyageurs qui les ont rapportés ou envoyés en Europe, et l'époque où ils nous sont parvenus. D'autres indications individuelles, souvent jointes aux précédentes, n'intéressent plus la science, mais elles m'ont fourni l'occasion que je ne devais pas négliger, de citer les nombreux donateurs auxquels le Muséum doit une partie de ses richesses. Quant aux individus acquis par voie d'échange ou d'achat, ceux du moins qui ne sont ni très-rares ni remarquables par quelques particularités, ils sont seulement mentionnés en bloc. La comptabilité intérieure du Muséum a seule à en tenir compte, et il était inutile de surcharger ce Catalogue de détails qui ne peuvent avoir d'intérêt pour le public, à quelque point de vue que ce soit.

Il est à peine besoin d'insister sur les indications synonymiques que l'on trouvera dans ce Catalogue. Chacun verra qu'elles ont été disposées typographiquement, de manière à faire saisir d'un seul coup d'œil et comparer entre eux, d'une part, tous les noms français, de l'autre, tous les noms latins, donnés au même genre ou à la même espèce. On verra aussi que j'ai réduit à l'essentiel la synonymie spécifique. Il m'a semblé que reproduire ici les longues listes de noms que l'on trouve dans tous les *Species*, ce ne serait pas seulement perdre beaucoup de pages : dans un livre de cette nature, livre essentiellement usuel et pratique, de tels développements ne pourraient que confondre, au milieu de détails peu utiles, les indications vraiment nécessaires, celles des noms que porte chaque espèce dans les livres les plus répandus ou dans les mémoires où elle a été décrite ou définitivement établie. En d'autres termes, la courte synonymie spécifique que je donne dans le Catalogue, est seulement destinée, d'une part, à rappeler les noms les plus généralement connus, de l'autre, à justifier les noms que j'ai cru devoir admettre comme définitifs. Si je suis quelquefois sorti de ces limites, c'est en raison de circonstances tout exceptionnelles dont le lecteur, dans chaque pas particulier, apercevra facilement le motif.

La synonymie, pour avoir été abrégée et réduite à l'essentiel, n'en a pas moins été revue avec le plus grand soin. Les indications que je donne, sont prises aux sources mêmes; on en trouvera la preuve dans les nombreuses rectifications que j'ai dû faire, et dont plusieurs sont relatives à des erreurs toujours reproduites de livre en livre depuis un demi-siècle et plus. J'ai pu me convaincre, non sans regret et sans étonnement, que Linné lui-même a été souvent fort inexactement cité, même à l'égard des espèces les plus remarquables ou les plus connues (1).

III. RÈGLES DE NOMENCLATURE SUIVIES DANS LE CATALOGUE ET DANS LA COLLECTION DU MUSÉUM.

Les zoologistes sont aujourd'hui très-généralement d'accord sur la nécessité d'arracher la nomenclature à l'arbitraire déplorable auquel elle a été si longtemps en proie. Dans presque tous les pays où la science est en honneur, principalement en Angleterre, en Italie et en France, de louables efforts ont été faits en vue de réaliser ce progrès vraiment capital. Partout on s'est rattaché au même principe, et il est en effet la seule ancre de salut : c'est *le respect et la conservation des noms déjà publiés*. C'est ici surtout que le mieux est l'ennemi du bien : rejeter un nom passable, mais qui a pris place dans les livres et dans la mémoire des naturalistes, et lui substituer un nom meilleur ou présumé tel, mais nouveau, c'est tendre, sous prétexte de progrès, vers le chaos; ce serait, si la raison publique ne s'opposait à de telles tentatives, faire de la science une véritable Babel.

Heureusement cette conviction est aujourd'hui dans tous les esprits : le *principe de l'ancienneté* est consacré par l'assentiment unanime; et il est permis de croire que si les Illiger et les Lesson devaient avoir dans l'avenir quelques imitateurs, ce ne serait plus, du moins, que parmi des naturalistes d'un rang tout à fait secondaire.

Mais le *principe de l'ancienneté* une fois admis comme *règle fondamentale*, toute difficulté est-elle par cela même résolue? Non sans doute. Il n'est point, en pareille matière, de principes d'une application absolue : il y a des exceptions nécessaires. Mais ces exceptions doivent être exemptes d'arbitraire; elles doivent être de celles dont on dit, non sans raison, qu'elles confirment la règle, parce qu'elles-mêmes, au fond, en découlent en quelque sorte indirectement.

J'avais essayé de formuler, pour me guider dans mes propres travaux, les règles qui doivent tout à la fois modifier et compléter dans son application le principe fondamental de l'*ancienneté*. Convaincu, après quelques années d'essais et d'épreuves, de tous les avantages qu'offre leur constante observation, j'ai cru devoir les soumettre en 1843, par leur publication dans les *Archives du Muséum* (2), au jugement du public scientifique. J'ai eu la satisfaction de les voir très-généralement approuvées et admises : elles ont été, avec l'adhésion la plus explicite, textuellement insérées ou traduites dans plusieurs ouvrages français et étrangers.

C'est donc avec plus de confiance que par le passé, que je vais reproduire ici ces règles, adoptées depuis plusieurs années pour l'étiquetage général des Collections mammalogiques et ornithologiques du Muséum, et suivies partout dans ce Catalogue.

(1) On verra, par exemple, que l'*Homo troglodytes* de Linné est un Albinos humain, bien plutôt que le Chimpanzé, à la synonymie duquel on l'a toujours rapporté; que le *Simia Sabaea* n'est point le Singe si commun au Sénégal et si connu sous le nom de Callitriche, etc. Les exemples de ce genre abondent.
(2) T. III, p. 586 et suiv.

1° *Règles relatives aux noms de genres et d'espèces.*

Ces règles peuvent être ainsi énoncées :

I.

Rejeter les noms absurdes par eux-mêmes, ou contradictoires avec les faits ou les idées qu'ils sont destinés à exprimer.

De tels noms sont en effet proscrits par la logique comme causes vraisemblables d'erreur.

II.

Rejeter les noms déjà employés dans une autre acception.

La logique les proscrit non moins impérieusement que les précédents. De tels noms mettraient la confusion dans la science.

III.

Considérer comme non avenus (*toutefois en les citant en synonymie*) les noms tombés en désuétude.

En effet, ces noms n'ont réellement plus d'existence dans la science, et leur rétablissement entraînerait tous les mêmes inconvénients que la création de mots nouveaux.

IV.

Sauf ces trois exceptions (1), entre plusieurs noms génériques ou spécifiques, préférer invariablement le plus anciennement publié.

La justice et le respect envers les travaux antérieurs ne commandent pas seuls cette préférence : *la logique la prescrit aussi.* On doit choisir le nom qui *est* le plus ancien, et non celui qui *paraît* le meilleur; car, sauf des cas rares et exceptionnels, la *date* d'un nom est un *fait* incontestable et incontesté; sa *valeur* peut être diversement appréciée, selon les temps, les lieux et les doctrines.

RÈGLE GÉNÉRALE.

Les quatre règles qui viennent d'être énoncées, peuvent être résumées en une seule :

Lorsque plusieurs noms, LOGIQUEMENT ADMISSIBLES, sont USITÉS pour un même genre ou une même espèce, adopter invariablement celui d'entre eux qui est LE PLUS ANCIENNEMENT PUBLIÉ.

L'*illogisme* et la *désuétude*, tels sont donc, en résumé, les deux seuls motifs qui légitiment l'abandon exceptionnel du nom le plus ancien; et les quatre règles peuvent en dernière analyse être considérées comme le développement d'un seul et même principe : changer le moins possible la nomenclature : CONSERVER TOUT CE QUI PEUT ÊTRE CONSERVÉ.

(1) Toutes trois sont rigoureusement prescrites par la logique, et elles le sont seules.
La logique prescrit-elle de rejeter un nom par cela seul qu'il n'est pas emprunté à la langue grecque ou à la langue latine? Non sans doute. Assurément, mieux vaut employer des racines que l'éducation classique qu'ont reçue la plupart des naturalistes, leur rend familières. Mais qui pourrait soutenir que la logique exige l'emploi exclusif de ces racines? Ceux qui rejettent les noms scientifiques tirés des noms de

c. b

En insistant sur le caractère logique de ces quatre règles et sur les avantages qui résultent de leur adoption, je suis d'ailleurs loin de prétendre qu'elles ne laissent subsister aucune difficulté. Il est impossible qu'il ne se présente pas de temps en temps des cas particuliers et exceptionnels à quelques égards, où la solution, au lieu de se déduire directement et clairement des règles, reste obscure et plus ou moins incertaine. Tout ce que nous pouvons faire, et c'est déjà un résultat très-désirable, c'est de réduire autant que possible le nombre de ces cas, absolument comme le législateur cherche à résoudre toutes les questions qui se présentent habituellement, sans prétendre ne laisser, pour quelques autres, place au doute et à la discussion. Sur celles-ci, il s'en rapporte à la sagacité des jurisconsultes et des juges, et nous ne pouvons, en histoire naturelle, que faire de même.

J'ajouterai, avant d'aller au delà, quelques remarques sur des difficultés d'un ordre particulier : je veux parler de celles qui sont relatives au désaccord, malheureusement trop fréquent, des nomenclatures latine et française.

En principe, il ne peut et ne doit exister qu'une seule nomenclature zoologique : c'est celle qui est commune aux savants de toutes les nations, la nomenclature latine. Chaque être n'a donc et ne peut avoir qu'un seul nom scientifique, son nom latin, choisi ou formé selon les principes de la nomenclature linnéenne. Ce nom une fois établi dans la science, chaque nation le rend ensuite, *autant qu'elle le peut*, dans sa propre langue, tantôt *y faisant passer ce nom lui-même* avec un léger changement d'orthographe ou de terminaison (*Cercopithecus*, Cercopithèque; *Tarsius*, Tarsier; *Didelphis*, Didelphe); tantôt *le traduisant* (*Felis*, Chat; *Erinaceus*, Hérisson; *Sus*, Cochon); tantôt *le remplaçant par un équivalent* plus ou moins exact (*Mycetes*, Hurleur).

C'est ainsi que l'on devrait toujours procéder. Malheureusement il s'en faut de beaucoup qu'on l'ait toujours fait. Nous disons, par exemple, en latin, *Simia*, *Hylobates*, *Lemur*, et en français, Orang, Gibbon, Maki. Deux noms se trouvent ainsi accolés, entre lesquels il n'existe de concordance sous aucun point de vue, et qui, par conséquent imposent un double travail à la mémoire. Est-il besoin de signaler les graves inconvénients d'une telle nomenclature dans une science où la terminologie indispensable, fût-elle aussi simple que le voudrait la logique, resterait encore tellement au-dessus des ressources de la plus riche mémoire?

Le vice de nomenclature que je viens de signaler, se reproduit dans presque toutes les branches de la zoologie, mais, plus que partout, en mammalogie et en ornithologie. La cause en est clairement écrite dans l'histoire de la science. Pendant que Linné et ses disciples constituaient la nomenclature zoologique d'après les principes qui la régissent encore aujourd'hui, Buffon et, à son exemple, quelques autres naturalistes français, tels que Levaillant, appliquaient aux Mammifères et aux Oiseaux une nomen-

pays et les noms formés de toutes pièces, comme il en existe quelques-uns, tombent dans un inconvénient beaucoup plus grand que celui qu'ils veulent éviter.

J'en dirai autant des noms hybrides. On doit s'abstenir d'associer ensemble des racines grecques et latines; faut-il cependant rejeter un nom parce qu'il a été formé d'éléments empruntés à ces deux langues? Pour moi, la question se ramène encore à ceci : le rejet est-il prescrit par la logique? Assurément non. On doit donc encore conserver les noms hybrides, tout en regrettant qu'ils aient été formés. C'est ainsi que, sans en méconnaître l'irrégularité, on a conservé dans notre langue, et dans plusieurs autres, le mot *minéralogie* ou son analogue, et tant d'autres.

Sur ces deux points je me résumerai ainsi. On ne saurait être trop difficile à soi-même, trop puriste, lorsqu'on crée un nom scientifique. Mais le nom une fois créé, il doit subsister, à moins qu'il ne soit absolument condamné par la logique.

clature fondée sur des principes tout autres, ou, pour mieux dire, dépourvue de principes fixes. De là l'existence, pour un si grand nombre de genres, de deux noms tout différents, l'un latin, l'autre français, également consacrés par l'usage, et pour jamais établis dans la science.

Il faut subir ce grave inconvénient, puisque nous ne saurions l'éviter. Mais, du moins, nous devons nous garder d'y ajouter dans l'avenir, et de créer à notre tour de nouvelles difficultés à nos successeurs. Sachons ne plus nous écarter de cette règle logique qui veut que chaque groupe d'êtres ou chaque être distinct *ait un nom*, *et n'en ait qu'un*. Et surtout lorsque nous créons des genres nouveaux, ne nous laissons pas entraîner à accoler, comme on l'a fait encore il y a peu d'années, un nom latin, régulièrement formé selon les règles linnéennes, et un nom français, ou plutôt barbare, tiré d'un nom de pays arbitrairement modifié, parfois même imaginé selon l'idée du moment, et absolument étranger au premier. Nul plus que moi n'honore les travaux de M. Frédéric Cuvier et n'admire ceux de son illustre frère ; mais leur autorité ne saurait prévaloir sur la logique, et j'oserai dire que ces deux naturalistes éminents ont donné des exemples que l'on doit se garder de suivre, lorsque, après avoir admis pour noms génériques des mots tels qu'*Ailurus*, *Mydaus*, *Crossarchus*, ils les ont rendus dans notre langue, au lieu de leurs analogues Ailure, Mydas, Crossarque, par des synonymes tels que Panda, Télagon, Mangue.

2° Règles relatives aux noms des groupes supérieurs.

Il serait superflu d'insister ici sur les noms des classes et des ordres : ils sont nécessairement et seront toujours en petit nombre dans la science, et il suffit d'appliquer à leur égard les règles générales qui président rationnellement à toute nomenclature.

Mais au-dessous de ces noms sont les noms de familles ; au-dessous de ceux-ci, les noms de tribus, sur lesquels il peut être utile de présenter aussi quelques remarques.

On les formait autrefois arbitrairement comme les noms de genres : aujourd'hui des conventions analogues à celles qui sont depuis longtemps admises en botanique, ont été introduites en zoologie, en vue de simplifier la nomenclature, et de faire, que l'on me permette cette expression, quelques économies sur le nombre immense des mots nécessaires. A cet effet, on est convenu de déduire des noms génériques, par une modification uniforme de leur terminaison, les noms de familles et ceux de tribus. La terminaison ɪᴅés, *ideæ*, quelquefois, par abréviation euphonique, ɪ́s, *eæ*, est celle qui est généralement adoptée pour les familles ; la terminaison ɪᴇɴs, *ina*, prévaut de même, sans toutefois qu'on soit aussi bien d'accord à cet égard (1), pour les subdivisions des familles ou tribus. Ainsi, du nom générique *Lemur*, nous faisons à la fois Lémuridés, *Lemuridæ*, pour tous les animaux qui se rapprochent des vrais *Lemur*, et rentrent dans la même grande famille, et Lémuriens, *Lemurina*, pour ceux des Lémuridés qui, ayant avec ce même genre *Lemur* des rapports plus intimes, sont non-seulement de la même famille, mais aussi de la même tribu.

(1) Plusieurs auteurs adoptent en latin *inæ* au lieu d'*ina*, ɪɴés en français au lieu d'*iens*. Ces auteurs semblent avoir oublié, en adoptant la terminaison ɪɴés, *inæ*, que la langue zoologique n'est pas seulement destinée à être écrite. Comment un professeur, parlant devant un nombreux auditoire, pourra-t-il être compris, lorsqu'il parlera des Lémurinés *(Lemurinæ)* comme d'une tribu de la famille des Lémuridés *(Lemuridæ)*, des Psittacinés *(Psittacinæ)* comme d'une division des Psittacidés *(Psittacidæ)*? Des mots aussi peu différents ne sont pour ainsi dire qu'un seul et même mot pour l'oreille. Des terminaisons nettement différentes sont indispensables.

On voit que les zoologistes ne s'appuient ici que sur une convention, et non, comme tout à l'heure, sur des règles véritablement logiques. Mais cette convention offre des avantages réels, et elle est de plus en plus généralement admise. Elle le sera sans nul doute bientôt unanimement, comme la convention analogue l'est depuis longtemps en botanique; et ce sera un progrès incontestable dont la zoologie sera redevable, pour une très-grande part, à M. Charles Bonaparte et aux zoologistes anglais.

L'application de cette convention n'est pas toujours exempte de difficultés, et il m'a paru qu'il y avait lieu, pour elle aussi, à poser quelques règles. Celles que je suis dans ce Catalogue, et dont l'utilité me paraît démontrée par le long usage que j'en ai fait déjà, sont les suivantes, qui sont fort simples :

I.

Si une famille ou une tribu correspond à un genre linnéen, lui appliquer le nom linnéen, en en modifiant la désinence selon les conventions admises.

Exemples : De *Lemur*, de *Mustela*, de *Felis*, de *Phoca*, Lémuridés, *Lemuridæ ;* Phocidés, *Phocidæ* (noms de familles) ; Lémuriens, *Lemurina ;* Mustéliens, *Mustelina*, Féliens, *Felina* (noms de sous-familles ou tribu).

II.

Si une famille ou une tribu ne correspond pas à un genre linnéen, faire dériver le nom de famille ou de tribu du nom du genre principal, et spécialement du *genre type,* s'il en est un que l'on puisse considérer comme tel.

Exemples : de *Tarsius*, de *Proteles*, Tarsidés, *Tarsidæ* (noms de famille); Protéliens, *Protelina* (noms de tribu).

III.

Recourir, toutefois, à un autre radical, si le nom du *genre type* ou du genre principal, en raison de sa valeur propre et de ses données étymologiques, a un sens très-précis et non susceptible de généralisation.

Il est clair que, dans ce cas, l'extension du nom du *genre type* ou du genre principal à la famille ou à la tribu tout entière, constituerait un contre-sens, ou, pour mieux dire, serait tout à fait absurde.

C'est ainsi que, dans la classification des Singes, quoique le groupe principal, et l'on peut dire le type de la seconde tribu, soit le genre *Cercopithecus*, cette tribu n'a pu recevoir le nom de Cercopithéciens, *Cercopithecina*, qui, d'après la seconde règle, se présentait naturellement pour lui. *Cercopithecus*, mot formé de κέρχος, *queue*, et de πίθη, ou πίθηχος, *Singe*, signifie *Singe à queue*. Comment étendre ce nom à une tribu qui comprend des Singes sans queue? Il serait absurde de dire que le Magot et le Cynopithèque sont des Cercopithéciens. Il a donc fallu renoncer à ce nom. Les noms de Semnopithéciens, Colobiens et tous ceux qu'on eût pu déduire des noms de genres les plus anciennement formés, ont dû être de même rejetés, à cause du sens trop précis qui résulte de leurs données étymologiques. De là le nom de Cynopithéciens, dérivé de *Cynopithecus ;* nom qui a l'avantage de rappeler seulement d'une manière générale la marche quadrupède des Singes de la seconde tribu, et leurs affinités plus ou moins marquées avec les Mammifères des ordres suivants.

Après les règles qui viennent d'être indiquées, il en est une autre toute grammaticale que je ne croirais pas même devoir rappeler, si elle n'avait été souvent transgressée dans ces derniers temps. Il est clair qu'on doit observer, dans la formation des noms de familles et de tribus, les règles de la formation des mots, consacrées par l'usage des langues auxquelles est empruntée la nomenclature scientifique. Des noms génériques linnéens *Sorex*, *Mus*, *Cercus*, on doit, par exemple, déduire pour noms de familles ou de tribus, Soricidés, *Soricidæ ;* Muridés, *Muridæ;* Cerviens, *Cervina :* les mots *Sorexidés*, *Musidés*, *Cervisidés*, que nous voyons employés comme noms de familles dans quelques ouvrages modernes, sont des barbarismes que rien ne justifie. Les seules infractions aux règles de la grammaire qui puissent être parfois tolérées, sont de légères modifications euphoniques, ou bien encore des abréviations dont les exemples, pour les cas où elles sont indispensables, ne manquent d'ailleurs pas plus dans les langues grecque et latine que dans la nôtre.

Puissent ces longues remarques terminologiques, dont le lecteur me pardonnera l'aridité technique, contribuer pour quelque chose à éloigner de la science un des plus graves dangers qui menacent son avenir! Après les découvertes faites depuis un siècle sur toute la surface du globe, quand on compte par *centaines de mille* les êtres vivants actuellement connus, l'application continue et uniforme non-seulement des préceptes linnéens, mais des règles secondaires qui s'y rattachent, peut seule, en prévenant le désordre dans les mots, prévenir aussi son inévitable conséquence, le désordre dans les idées (1) et empêcher l'histoire naturelle de retomber dans le chaos (2).

Is. GEOFFROY SAINT-HILAIRE.

Au Muséum d'histoire naturelle, le 24 octobre 1851.

(1) « *Nomina si nescis, perit et cognitio rerum.* »
(2) Mon intention avait été d'abord de faire suivre ces remarques sur la nomenclature d'un travail analogue sur les principes de la classification que j'ai cru devoir adopter, et que j'ai nommée *parallélique* ou *par séries parallèles*. Mais j'ai bientôt reconnu que ce travail m'entraînerait dans des développements très-étendus et hors de proportion avec les autres parties de cette introduction. Je me bornerai donc à renvoyer le lecteur à quelques-unes des publications dont la classification parallélique a déjà été l'objet, soit de ma part, soit de celle de plusieurs de mes anciens élèves; par exemple, à divers travaux insérés par moi dans le *Précis d'anatomie transcendante* de M. Serres, p. 205 et suiv.; dans les *Comptes rendus de l'Académie des sciences*, t. XX, p. 757, dans les *Archives du Muséum*, t. IV, p. 37, etc., et au tableau général de ma *Classification parallélique des Mammifères* publié en 1845 par M. Payer (une feuille *in-plano*).

EXPLICATION DES SIGNES

USITÉS DANS LE CATALOGUE DES COLLECTIONS MAMMALOGIQUES ET ORNITHOLOGIQUES.

- ♂ Mâle adulte.
- ♂ Jeune mâle.
- ♀ Femelle adulte.
- ♀ Jeune femelle.
- o Adulte, sans désignation de sexe.
- ɔ Jeune, sans désignation de sexe (1).

(1) De ces signes, les quatre premiers sont usités aussi, et avec la même valeur, sur les étiquettes des Mammifères et Oiseaux de la Collection. Les deux derniers y sont remplacés par des signes analogues, mais que leur disposition rend visibles de plus loin.

La lettre T placée sur l'étiquette d'un individu signifie qu'il est le *type* ou l'un des types du travail de l'auteur dont le nom précède.

On remarquera que les étiquettes spécifiques de nos collections, imprimées sur fond blanc, sont encadrées de couleurs différentes.

Les cadres *rouges* désignent les animaux de *l'ancien continent* et des îles adjacentes.

Les cadres *bleus* indiquent les animaux *américains*.

Les cadres *jaunes* sont réservés pour les animaux de *l'Australie et de l'Océanie*.

CATALOGUE

DE LA

COLLECTION DES MAMMIFÈRES

DE LA

COLLECTION DES OISEAUX

ET DES COLLECTIONS ANNEXES.

PREMIÈRE PARTIE. — MAMMIFÈRES.

CATALOGUE DES PRIMATES,

PAR

M. Isidore GEOFFROY SAINT-HILAIRE.

COLLECTION DES PRIMATES.

La collection des Primates est placée dans l'une des grandes salles du premier étage de la galerie zoologique. Les Singes occupent trois faces de cette salle; dans les armoires de la quatrième face sont les Lémuridés et les autres Primates.

La collection commence à gauche de la porte d'entrée la plus rapprochée du centre de l'édifice, et se termine, après avoir fait le tour de la salle, à droite de la même porte.

Les armoires, situées le long de la grande cour, étant très-étroites, n'ont pu recevoir tous les genres qui, selon la classification, devraient y être placés, tels que les Hurleurs, les Atèles et autres Singes de grande taille. De là, dans le moment actuel, la transposition de plusieurs genres de Cébiens (1).

Les Primates conservés dans l'alcool seront incessamment placés dans une salle spéciale, au rez-de-chaussée des Galeries (2).

Je place ici un tableau numérique dans lequel on trouvera l'état actuel de la collection, comparé à ce qu'elle était précédemment à diverses époques.

NOMBRE DES INDIVIDUS.	FAMILLE DES SINGES.					FAMILLE DES LÉMURIDÉS.				FAMILLE DES TARSIDÉS.	FAMILLE DES CHEIROMIDÉS.
	Simiens.	Cynopithéciens.	Cébiens.	Hapaliens.	TOTAL pour les Singes.	Indrisiens.	Lémuriens.	Galagiens.	TOTAL pour les Lémuridés.		
En 1793. . . .	1	3	1	2	7	1	3	1	5	» (1)	1
En 1803. . . .	4	41	13	9	67	1	11	2	14	1	1
En 1823. . . .	14	68	79	23	184	1	21	6	28	1	1
En 1840. . . .	24	159	132	35	350	8	48	10	66	1	1
En 1851. . . .	37	234	225	64	560	9	64	14	87	2	2 (2)

(1) Le Tarsier de Daubenton n'avait pas été conservé dans la collection zoologique ; on en avait préparé seulement le squelette.

(2) Ces deux individus sont encore les seuls qui existent en Europe.

Il n'est pas inutile de faire remarquer que les Primates étaient, de tous les ordres de Mammifères, le mieux représentés dans l'ancienne collection.

Les animaux conservés dans l'alcool ne sont pas compris dans ce tableau.

(1) Nous ne nous sommes pas bornés à reconnaître et à regretter les inconvénients très-graves qui résultent d'un tel renversement de la classification ; nous avons cherché les moyens de les faire disparaître. D'ici à quelques mois, les petites armoires de la salle des Primates seront refaites et agrandies, afin que l'on puisse rétablir l'ordre naturel et intercaler un grand nombre de Singes américains nouvellement montés ou qui vont l'être, et pour lesquels la place manque.

(2) Pour le moment, le défaut de place nous a forcés de faire reporter dans les magasins la plus grande partie des Mammifères et Oiseaux conservés dans l'alcool.

En combinant les divers nombres portés dans ce tableau, on arrive aux résultats comparatifs qui suivent :

La collection possédait en 1793 . . . . . 13 individus.

— en 1803 83

— en 1823 314

— en 1840 418

Elle en possède en 1851 651

non compris les individus conservés dans l'alcool.

DESIDERATA PRINCIPAUX

DE LA COLLECTION DES PRIMATES.

Les principaux objets manquant à la collection des Primates du Muséum, sont les deux suivants :

1° Un TROGLODYTE à l'état adulte. Les Chimpanzés que possède le Muséum, comme tous ceux que l'on a vus jusqu'à présent en Europe (1), sont de jeunes sujets.

2° Le POTTO de Bosman, *Nycticebus potto*, Geoff. S.-H, aujourd'hui type, et seule espèce connue, du genre *Perodicticus* établi par M. Bennett (2).

---

(1) A l'exception d'une peau existant au Musée du Havre, et si incomplète qu'il y a à peine lieu d'en tenir compte.

Si le Muséum de Paris, comme tous les autres musées, manque de Troglodytes adultes montés, il a de très-beaux et très-précieux squelettes. Voy. p. 4.

(2) Voy. p. 77.

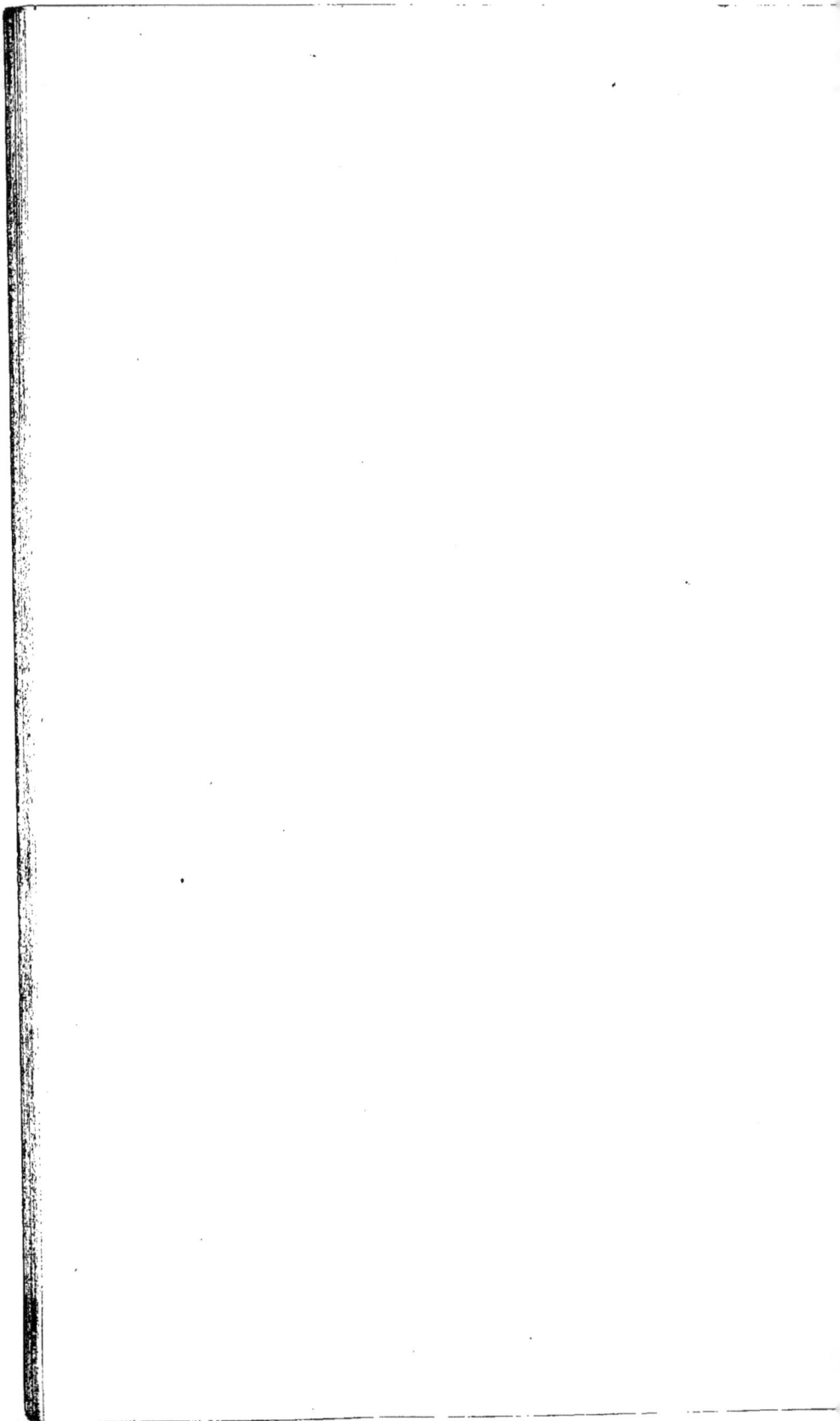

LISTE

OUVRAGES, MÉMOIRES ET PRINCIPAUX ARTICLES SUR LES PRIMATES

RELATIFS A LA COLLECTION DU MUSÉUM,
OU DONT ELLE A PARTICULIÈREMENT FOURNI LES MATÉRIAUX (1).

(Voyez, en outre, les divers traités de zoologie ou de mammalogie, les *Species* et autres ouvrages publiés par les zoologistes français sur l'ensemble des Mammifères.)

AUDEBERT. — *Histoire naturelle des* SINGES *et des* MAKIS. 1 vol. in-folio, an VIII (1800).

BLAINVILLE (DUCROTAY DE). — *Mémoire sur la véritable place de l'*AYE-AYE *dans la série des Mammifères*; composé en 1816, mais publié seulement dans l'*Ostéographie*, fascicule III, p. 49; 1839.

BOITARD. — Articles SAJOU ou SAPAJOU du *Dictionnaire universel d'histoire naturelle*, t. XI, p. 295; 1848.

BORY DE SAINT-VINCENT. — Article ORANGS du *Dictionnaire classique d'histoire naturelle*, t. XII, p. 261; 1827.

CHENU. — *Encyclopédie de l'histoire naturelle, Quadrumanes*. 1 vol. in-4°; 1850-1851.

CUVIER (GEORGES). — Notices sur le MANDRILL, le CALLITRICHE, le BLANC-NEZ, le SAJOU et le RHÉSUS, dans la *Ménagerie du Muséum national d'histoire naturelle*, in-folio; 1801-1804 (ouvrage plusieurs fois réimprimé dans le format in-12).

— Article AYE-AYE du *Dictionnaire des sciences naturelles*, t. III, p. 362; 1816.

CUVIER (GEORGES) et GEOFFROY SAINT-HILAIRE (ÉTIENNE). — *Mémoire sur les rapports naturels du* TARSIER, dans le *Magasin encyclopédique*, première année, t. III, p. 147; 1795.

— *Histoire naturelle des Orang-Outangs*, mémoire où il est spécialement traité des *caractères qui peuvent servir à diviser les* SINGES; *ibid.*, p. 451; 1795; et dans le *Journal de physique*, t. XLVI, p. 185; 1798.

CUVIER (FRÉDÉRIC). — *Description d'un* PAPION *qui pourrait se rapporter à une des espèces décrites par Pennant*, dans les *Annales du Muséum*, t. IX, p. 477; 1806.

— *Description d'un* ORANG-OUTANG, *ibid.*, t. XVI, p. 46; 1810.

— Articles CYNOCÉPHALE, GALAGO, GUENON et ORANG dans le *Dictionnaire des sciences naturelles*, t. XII à XXXV; 1818 à 1825.

— *Du* MACAQUE *de Buffon dans les Mémoires du Muséum*, t. IV, p. 109; 1818.

— *Du Cercopithèque* CYNOCÉPHALE *de Brisson et du* GRAND PAPION *de Buffon, ibid.*, p. 419; 1822.

Voyez, en outre, les nombreuses descriptions contenues dans l'*Histoire naturelle des Mammifères de la Ménagerie* par MM. Geoffroy Saint-Hilaire et Frédéric Cuvier.

DESMAREST (GAÉTAN). — Articles AYE-AYE, GALAGO, MACAQUE, MAKI, SAGOIN, SAKI, SAPAJOU et TARSIER, dans le *Nouveau Dictionnaire d'histoire naturelle*, 2e édit., t. III à XXXII; 1816-1819.

— Articles MACAQUE, MAKIS ou LÉMURIENS, SAGOIN, SAKI, SAPAJOU, SINGES et TARSIER, dans le *Dictionnaire des sciences naturelles*, t. XXVII à LII; 1823-1828.

Voyez, en outre, la *Mammalogie de l'Encyclopédie méthodique*, où sont décrites plusieurs espèces nouvelles de la Collection du Muséum.

DESMAREST (GAÉTAN) et VIREY. — Article GUENON du *Nouveau Dictionnaire d'histoire naturelle*, t. XIII, p. 574; 1817.

DESMAREST (EUGÈNE). — Articles ÉRIODE, HURLEUR, LORIS, MACAQUE, MAKI, NYCTICÈBE, OUISTITI, SEMNOPITHÈQUE, dans le *Dictionnaire universel d'histoire naturelle*, t. V à XI; 1845-1848.

---

(1) Voy. aussi les *Voyages autour du monde* publiés par ordre du gouvernement, et dans lesquels MM. Quoy et Gaimard, Eydoux et Souleyet, Hombron et Jacquinot et plusieurs autres savants officiers et médecins de la Marine ont décrit les objets recueillis dans leurs voyages.

DESMOULINS. — Articles Aye-Aye, Cynocéphale, Galago et Guenon, dans le *Dictionnaire classique d'histoire naturelle*, t. II à VII; 1822-1825.

DEVILLE (Émile). (Voy. en outre, à la page suivante.) — *Description de quelques Mammifères nouveaux* (Midas Weddelii, etc.), dans la *Revue de zoologie*, 2e série, t. I, p. 55; 1849.

DUFRESNE. — *Sur une nouvelle espèce de Singe* (Entelle), dans le *Bulletin des Sciences, par la Société philomatique* an VI (1797), p. 49.

GEOFFROY SAINT-HILAIRE (Étienne). (V., en outre, à la page précédente). — *Extrait d'un mémoire sur un nouveau genre de Quadrupèdes* (l'Aye-aye), dans le *Décade philosophique*, t. IV, p. 193; 1795.

— *Observations sur une petite espèce de Maki* (Lemur pusillus), dans le *Bulletin des sciences par la Société philomatique*, 1re part., p. 89, 1795.

— *Sur le Galago, ibid.*, p. 961; 1795.

— *Mémoire sur les rapports naturels des Makis*, dans le *Magasin encyclopédique*, 2e année, t. I, p. 20; 1796.

— *Sur un prétendu Orang-outang des Indes*, dans le *Journal de physique*, t. XLVI, p. 342; 1798.

— *Mémoire sur le Mandrill*, analysé dans le *Rapport général des travaux de la Société philomathique*, p. 111; 1798.

— *Notice sur le Maki mococo et le Maki brun*, dans la *Ménagerie du Muséum national*, in-folio; 1801-1804.

— *Mémoire sur les Singes à main imparfaite*, ou les Atèles, dans les *Annales du Muséum*, t. VII, p. 260; 1806.

— *Description de deux Singes d'Amérique* (Atèles), *ibid.*, t. XIII, p. 89; 1809.

— *Sur les espèces du genre* Loris, *ibid.*, t. XVII, p. 164; 1811.

— *Tableau des Quadrumanes*, *ibid.*, t. XIX, p. 85 et suite, p. 156; 1812.

— *Note sur trois dessins de Commerson représentant des Quadrumanes d'un genre inconnu* (Cheirogales); *ibid.*, t. XIX, p. 171; 1812.

— *Notice sur le Galago du Sénégal*, dans la *Ménagerie du Muséum d'histoire naturelle*, éd. de 1817, in-12, t. II, p. 262.

— *Cours de l'histoire naturelle des Mammifères*, 1 vol. in-8º. Paris, daté de 1829, mais tout entier publié en 1828. Ce volume est principalement relatif aux Primates.

GEOFFROY SAINT-HILAIRE (Isidore). — Articles Indri, Loris, Macaque, Maki, Nycticère, Ouistiti, Quadrumanes, Sapajous et Singes, dans le *Dictionnaire classique d'histoire naturelle*, t. VIII à XV; 1825-1829.

— *Description d'un genre nouveau de Singes américains sous le nom d'*Eriodes, dans les *Mémoires du Muséum*, t. XVII, p. 121; 1829.

— *Description de deux espèces nouvelles de Singes à queue prenante* (Ateles hybridus et Stentor chrysurus), *ibid.*, p. 166; 1829.

— *Description du Semnopithèque aux mains jaunes*, dans la *Centurie zoologique* de M Lesson, pl. XL, p. 109.

— *Tableau méthodique des Singes de l'ancien Monde*, et *Description de quelques espèces inédites des genres* Semnopithèque et Macaque, dans la *Zoologie des voyages de Bélanger*, p. 19-79; 1830.

— Articles Atèle, Cercopithèques et Colobe dans le *Dictionnaire universel d'histoire naturelle*, t. II à t. IV; 1842-1844.

— *Sur les Singes de l'ancien Monde, spécialement sur les genres* Gibbon *et* Semnopithèque, dans les *Comptes rendus de l'Académie des Sciences*, t. XV, p. 716; 1842. Extrait d'un travail plus étendu qui fait partie de la *Zoologie du Voyage de Jacquemont*, p. 4-32; 1843.

— *Troisième mémoire sur les Singes de l'ancien Monde, spécialement sur les genres* Colobe, Miopithèque *et* Cercopithèque, dans les *Comptes rendus*, *ibid.*, t. XV, p. 1037; 1842.

— *Sur les Singes américains composant les genres* Nyctipithèque, Saimiri *et* Callithriche, *ibid.*, t. XVI. p. 1150; 1843.

— *Remarques sur la classification et les caractères des* Primates, *et spécialement des* Singes, dans les *Comptes rendus*, *ibid.*, p. 1236; 1843.

— *Description des Mammifères nouveaux ou imparfaitement connus de la collection du Muséum d'histoire naturelle. — Premier mémoire :* famille des Singes, et particulièrement Singes de l'ancien Monde, dans les *Archives du Muséum*, t. II, p. 485-592; 1843. — *Second mémoire :* Singes américains, *ibid.*, t. IV, p. 5-42; 1845. (Un troisième mémoire, complément des deux premiers, est sous presse.)

— *Note sur la gestation et la mise-bas chez les* Primates, dans les *Mémoires de l'Académie des Sciences*, t. XIX, p. 402; 1845 (insérée par M. Breschet dans ses *Recherches sur la gestation des Quadrumanes*).

— *Description du Cercopithèque Delalande; Synopsis du genre Cercopithèque*, et *Mémoire sur les Singes américains* composant les genres CALLITRICHE, SAIMIRI et NYCTIPITHÈQUE, dans la *Zoologie* du *l'oyage autour du Monde la Vénus*, p. 6-117; gr. in-8°, avec 13 planches in-folio, publiées de 1843 à 1846 (1).

— *Note sur un Singe américain appartenant au genre* BRACHYURE, dans les *Comptes rendus de l'Académie des Sciences*, t. XXIV, p. 576; 1847.

— *Note sur plusieurs espèces nouvelles de Mammifères de l'ordre des* PRIMATES, *ibid.*, t. XXI, p. 873; 1850.

— *Sur la distribution géographique des Primates*, *ibid.*, t. XXXIII, p. 361; 1851.

GEOFFROY SAINT-HILAIRE (ISIDORE) et DEVILLE (ÉMILE). — *Note sur huit espèces nouvelles de* SINGES AMÉRICAINS, *faisant partie des collections de MM. de Castelnau et Deville; ibid.*, t. XXVII, p. 497; 1848.

GERVAIS. — Articles CHEIROMYS, GALAGO, INDRI, dans le *Dictionnaire universel d'histoire naturelle*, t. III à VII; 1843-1846.

GERVAIS, EYDOUX et SOULEYET. — *Description et figures de deux espèces de* SINGES, dans la *Zoologie de la Bonite*, Mammifères, p. 3; 1841.

GERVAIS et d'ORBIGNY. — *Description et figures de trois espèces de* SINGES, dans la *Zoologie du Voyage de M. d'Orbigny*, Mammifères, p. 9; 1847.

HUMBOLDT. — *Tableau synoptique des* SINGES DE L'AMÉRIQUE, dans son *Recueil d'observations de zoologie et d'anatomie comparée*; 1815.

KUHL. — *Tabula Synoptica* SIMIARUM, *Parisiis anno 1820 elaborata*, dans ses *Beitræge zur Zoologie und vergleichenden Anatomie*, 2ᵉ partie, p. 1 à 52; 1820.

LATREILLE. — *Histoire naturelle des* SINGES, *faisant partie de celle des Quadrupèdes de Buffon*; 2 vol. in-8°. Paris, an IX (1801).

LESSON. — Article SAGOUIN du *Dictionnaire classique d'histoire naturelle*, t. XV, p. 52; 1829.

Voyez aussi les volumes publiés sous le titre de *Complément des Œuvres de Buffon*. Les tomes III et IV, 1828 et 1830, sont presque entièrement consacrés à l'histoire des Singes (2).

PUCHERAN. — Article CYNOCÉPHALE du *Dictionnaire universel d'histoire naturelle*, t. IV, p. 527; 1844.

— *Description de quelques Mammifères américains* (CEBUS VERSICOLOR, HAPALE GEOFFROYI et H. ILLIGERI), dans la *Revue zoologique*, 8ᵉ année, p. 335; 1845.

VALENCIENNES. — *Sur le Nisnas*, dans l'*Histoire naturelle des Mammifères de la Ménagerie*; 1830.

— *Sur la femelle du Tartarin*, *ibid.*; 1829.

_____

(1) Le texte, quoique imprimé en 1843, n'a pas encore été mis en vente, par suite de la suspension de la publication du *Voyage*.

(2) Je n'ai pas compris dans la liste bibliographique le *Spécies des Mammifères bimanes et quadrumanes*, publié par M. Lesson en 1840, 1 vol. in-8°. Ce livre, que l'on trouvera souvent cité dans la synonymie, n'a point été composé d'après la Collection du Muséum. L'auteur l'a rédigé et fait imprimer à Rochefort.

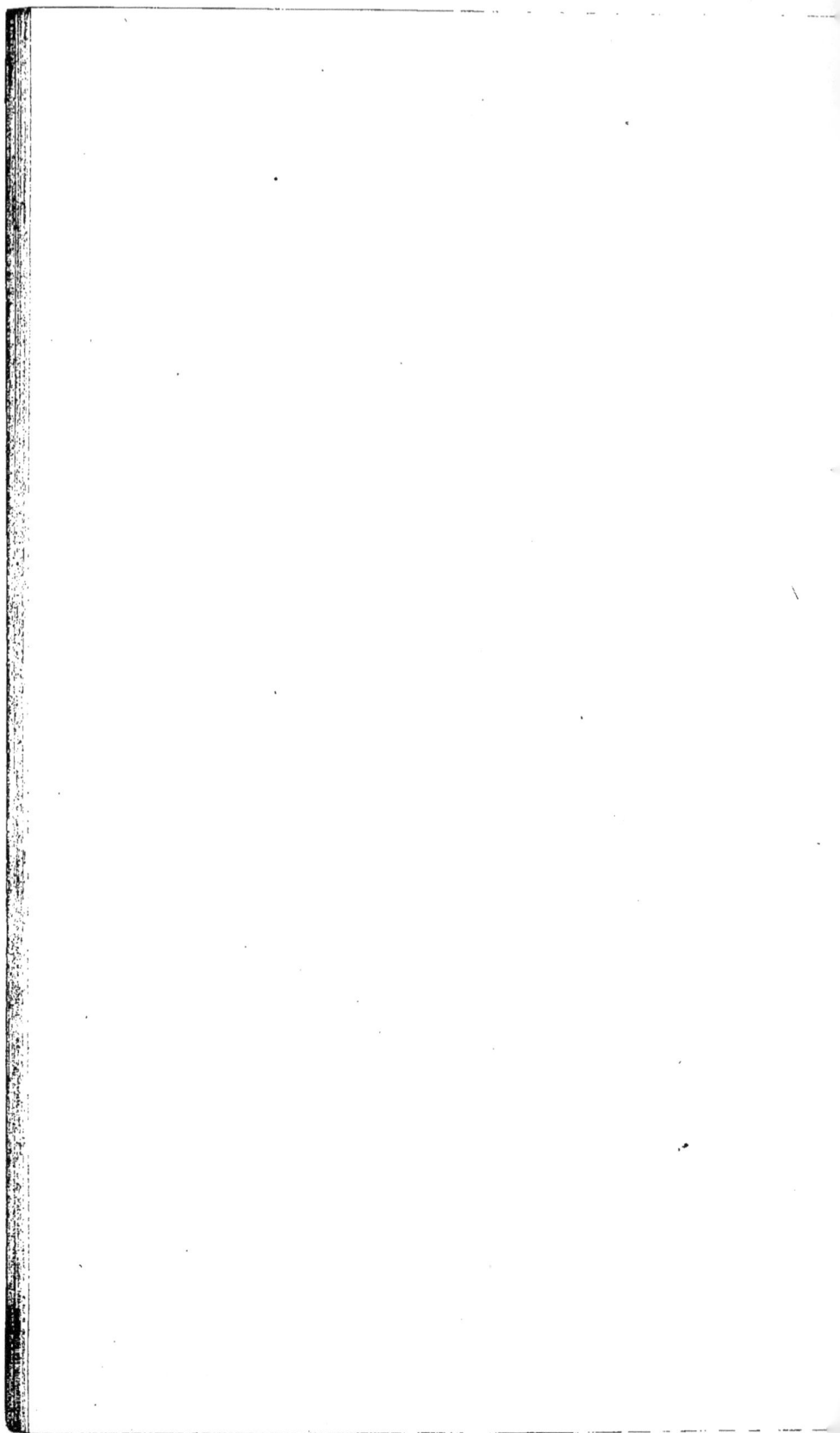

CATALOGUE MÉTHODIQUE
DES MAMMIFÈRES
DU MUSÉUM D'HISTOIRE NATURELLE.

PRIMATES. — *PRIMATES* [1].

Dans cet ouvrage, qui n'est qu'un simple Catalogue méthodique, nous n'avons pas à exposer et à discuter les caractères organiques par lesquels se distinguent *essentiellement*, soit l'ordre des Primates, soit ses subdivisions; mais nous croyons faciliter beaucoup l'étude de la Collection du Muséum et les déterminations qu'on voudrait y faire, en donnant du moins les caractères *indicateurs* de chaque groupe. Ces caractères peuvent être résumés ainsi pour les Primates :

Quatre mains, dont les postérieures sont toujours pentadactyles et à pouces opposables. Des ongles aplatis, au moins aux deux pouces postérieurs.

Ces caractères extérieurs et l'ensemble des modifications organiques qui leur correspondent toujours, se retrouvent :

1o Chez un très-grand nombre d'espèces qui n'ont jamais cessé d'être comprises dans l'ordre des Primates.

2o Chez plusieurs que l'on a proposé, à diverses reprises, d'en séparer, mais sur la véritable place desquelles la très-grande majorité des zoologistes n'a jamais cessé d'être d'accord. Tels sont les Orangs et les autres Singes à large sternum, que M. Bory de Saint-Vincent voulait associer à l'Homme dans l'ordre artificiel des Bimanes. Tels sont aussi les Galagos et les Tarsiers, érigés en un ordre distinct dans un ancien travail de M. Gotthelf Fischer.

3o Chez le Cheiromys, que M. Geoffroy Saint-Hilaire, dans ses premiers travaux, et M. Cuvier, dans tous les siens, avaient compris parmi les Rongeurs, et que M. de Blainville a le premier, en 1811, reporté parmi les Primates.

Ni ces caractères extérieurs, ni l'ensemble des modifications organiques correspondantes, ne se trouvent, au contraire, *réunis* (sans parler de l'Homme,

---

[1] Le premier ordre des Mammifères est également connu sous le nom de Primates (*Primates*) qu'il a reçu de Linné, son créateur, et sous celui de Quadrumanes (*Quadrumania*, Boddaert, 1785 ; *Quadrumano*, Blumenbach, 1795), employé par MM. Cuvier et Geoffroy Saint-Hilaire dans leur célèbre classification de 1795 et que leur autorité a longtemps fait prévaloir en France. Comme MM. Jean-Edouard Gray, Wildbrand, Jean-Baptiste Fischer, Charles Bonaparte, de Blainville, Lesson et quelques autres zoologistes, nous avons, depuis plusieurs années, repris le nom linnéen, aussi bien dans la Collection du Muséum que dans nos ouvrages et notre enseignement : l'adoption de ce nom est, en effet, prescrite par les règles de nomenclature que nous avons rappelées dans l'Avertissement qui précède, et dont la rigoureuse observation nous paraît l'un des besoins de la science actuelle.

c.

placé depuis longtemps par nous (1) en dehors de la série animale) chez divers Mammifères qui, en raison de ressemblances seulement partielles avec les vrais Primates, leur ont été parfois associés. Tels sont les Chéiroptères et les Tardigrades de M. Cuvier ou *Bradypus* de Linné, très-souvent placés parmi les Primates, mais formant, les uns et les autres, des groupes à part. Tel est aussi le Kinkajou ou Potto, qui, ainsi que le reconnaissent presque généralement les auteurs, est un Carnassier assez intimement lié avec les Primates, et non un Primate, passant aux Carnassiers, comme le voulait M. Frédéric Cuvier.

L'ordre des Primates étant ainsi limité, les espèces, nombreuses encore, qu'il comprend, se rapportent à quatre types principaux. Nous donnerons à l'avance, et nous mettrons en regard, pour plus de clarté, les caractères indicateurs des quatre familles, très-inégales en étendue, qui correspondent à ces divers types (2).

PREMIÈRE SECTION. — *Des dents de trois sortes.*

Famille I. SINGES. . . . *Simiidæ.*. . . Quatre incisives contiguës, opposées, en avant de chaque mâchoire.

Famille II. LÉMURIDÉS... *Lemuridæ*... Incisives supérieures petites, séparées par paires, verticales; les inférieures plus grandes, contiguës, proclives.

Famille III. TARSIDÉS. . . *Tarsidæ.*. . . Deux incisives inférieures, contiguës, opposées à deux dents coniques, grandes et droites.

SECONDE SECTION. — *Dents de deux sortes seulement.*

Famille IV. CHEIROMYDÉS. *Cheiromyidæ.* Deux dents comprimées très-grandes, en avant de chaque mâchoire : une barre entre elles et les molaires.

Au défaut du système dentaire qui, dans les collections, n'a pas été conservé ou n'est pas visible chez tous les individus, on peut recourir aux caractères indicateurs suivants, qui ne différencient pas moins exactement les divers groupes, et sont peut-être plus simples encore que les précédents.

Famille I. SINGES. . . . . Ongles similaires (3), ceux des pouces exceptés.

Famille II. LÉMURIDÉS. . . Un ongle subulé au second doigt postérieur; les autres ongles aplatis.

Famille III. TARSIDÉS. . . Des ongles subulés au second et au troisième doigt postérieurs; les autres ongles aplatis.

Famille IV. CHEIROMYDÉS. Ongles similaires, excepté ceux du doigt médian antérieur (très-petit) et du pouce postérieur (large et aplati comme chez tous les Primates).

(1) Comme par Daubenton ; Vicq-d'Azyr, Adanson, et, à leur exemple, par un grand nombre d'auteurs français et allemands. V. l'article BIMANES du *Dictionn. univ. d'hist. natur.*, t. II, p. 573.

(2) Illiger, dans son *Prodromus*, 1811, a le premier admis ces quatre familles, auxquelles il a eu d'ailleurs le tort grave d'adjoindre, comme cinquième famille, les Marsupiaux non sauteurs. On doit regretter aussi qu'il ait cru devoir placer parmi ses *Macrotarsi*, qui sont nos *Tarsidæ*, les Galagos, qui sont de vrais *Lemuridæ*.

(3) Très-variables d'ailleurs de forme selon les genres. Presque tous les Singes ont les ongles très-cou-

Ire FAMILLE. — LES SINGES. *SIMIIDÆ.*

C'est le grand genre *Simia* de Linné, d'où le nom donné à cette famille par les auteurs modernes, et qui est le même chez tous, à quelques légères modifications près dans la terminaison (*Simiæ*, *Simidæ*, *Simiidæ*, *Simiadæ*, *Simiadeæ*). On a distingué depuis longtemps parmi les Singes deux types principaux, puis trois; plus récemment, nous avons divisé cette famille en quatre tribus ainsi caractérisées :

Tribu I. SIMIENS. . . . . *Simiina* (1). . . Cinq molaires (32 dents en tout) ; ongles courts; membres antérieurs beaucoup plus longs que les postérieurs (d'où résulte une attitude oblique et un mode particulier de progression).

Tribu II. CYNOPITHÉCIENS. *Cynopithecina.* . Cinq molaires (32 dents en tout) ; ongles courts; membres antérieurs plus courts (2) que les postérieurs (d'où résultent l'attitude horizontale et la marche franchement quadrupède).

Tribu III. CÉBIENS. . . . *Cebina.* . . . . Six molaires (36 dents).

Tribu IV. HAPALIENS. . . *Hapalina.* . . . Cinq molaires (32 dents); ongles en griffes (2)

De ces quatre tribus, les deux premières sont de l'ancien monde, et correspondent aux *Singes*, *Guenons* et *Babouins* de Buffon, aux Catarrhinins (Singes à narines infra-nasales) de M. Geoffroy Saint-Hilaire, aux *Pitheci* de M. de Blainville, aux *Simiæ* de M. Ogilby, aux *Simiadæ* de M. Gray (qui les avait d'abord appelés *Hominidæ*), aux *Simiidæ* de M. Charles Bonaparte (4).

Les deux dernières sont américaines et correspondent aux *Sapajous* et *Sagouins* de Buffon, aux *Platyrrhinins* (Singes à narines latérales) de M. Geoffroy Saint-Hilaire, aux *Pitheciæ* ou *Cebi* de M. de Blainville, aux *Simiadæ* de M. Ogilby, aux *Cebidæ* de M. Gray (qui les avait d'abord appelés *Sariguidæ* (5)) et de M. Bonaparte.

Tandis que la plupart des auteurs associent ensemble, en deux groupes principaux, tous les genres de l'ancien monde d'une part, tous les genres américains de l'autre, quelques-uns forment un seul groupe des trois dernières tribus, par exemple M. Lesson (6), qui réunit celles-ci sous le nom de *Simiadæ*, par opposition aux Pithéciens nommés par lui *Anthropomorpheæ*. D'autres, tels que M. Van der Hoeven (7), font l'inverse, admettant deux divisions principales, dont les Hapaliens forment l'une à eux

vexes ou en gouttières; les Troglodytes les ont larges et aplatis; les Ériodes et les Lagotriches, comprimés; les Ouistitis, allongés en griffes.

(1) PITHÉCIENS, *Pithecina*, dans notre Mémoire de 1843. Nous avions cru jusqu'alors devoir conserver au genre Orang le nom de *Pithecus*, d'où dérivait pour la tribu le nom de PITHÉCIENS. Nous avons dû, dans l'état présent de la science, d'après les règles de la nomenclature, reprendre pour le genre Orang l'ancien nom *Simia* (voy. plus bas, p. 5), d'où le nom de SIMIENS, *Simiina*, pour la tribu.

(2) La différence est souvent très-faible : il y a des espèces, par exemple, aux deux extrémités de la série des Cynopithéciens, le Douc et le Mandrill, qui ont les *avant-bras plus longs que les jambes*. Les mains de derrière étant d'ailleurs de beaucoup plus longues que les antérieures, le membre postérieur reste, en somme, le plus long, mais de très-peu.

(3) Quoiqu'on rencontre dans cette dernière tribu le même nombre de dents que dans les deux premières, le système dentaire est loin d'être identique, indépendamment même des différences de forme. Nous mettons en regard les formules dentaires des quatre tribus :

Tribus I et II. . . $4 \left(2 I + C + 2m + 3M \right) = 32 D$

Tribu III. . . . . $4 \left(2 I + C + 3m + 3M \right) = 36 D$

Tribu IV. . . . . $4 \left(2 I + C + 3m + 2M \right) = 32 D$

(4) *Conspectus systematis mastozoologiæ*, tableau publié en 1830. L'auteur a adopté nos quatre tribus, mais en les groupant, deux par deux, en deux familles.

(5) *Annals of philosophy*, 2e série, t. X, 1823.

(6) *Species des Mammifères*, 1840.

(7) *Handb. der Dierkunde*, t. II, 1833.

1.

seuls. Nous devons ajouter que les divers groupes secondaires ainsi formés ont été considérés par plusieurs auteurs, non comme de simples tribus, mais comme des familles distinctes.

Ces indications, jointes à celles qui vont suivre et aux caractéristiques qui précèdent, permettront de retrouver facilement dans la Collection les genres que l'on voudrait étudier, à quelque méthode et à quelque ordre que l'on soit habitué.

Ire TRIBU. — LES SIMIENS. *SIMIINA.*

Cette tribu correspond aux Singes proprement dits de Buffon (*Simiæ caudâ nullâ*, Lin.; *Simiæ*, Erxleb.), moins le Magot; au genre Orang, *Simia*, de MM. Cuvier et Geoffroy Saint-Hilaire en 1795. Ce sont les *Anthropomorphes* ou *Anthropomorphées* de plusieurs auteurs, *Simiina* de M. Ch. Bonaparte dans sa récente classification, etc.

Trois genres seulement, dont le tableau synoptique suivant donne les caractères indicateurs et les noms :

Bras
{
de proportions presque humaines; ongles aplatis. . . . . TROGLODYTE. . *Troglodytes.*
extrêmement longs; ongles en gouttières; fesses { velues. . . . . . . ORANG. . . . *Simia.*
fortement calleuses. GIBBON. . . . *Hylobates.*
}

GENRE I. — TROGLODYTE. *TROGLODYTES.*

Genre créé en 1812 par M. Geoffroy Saint-Hilaire dans le *Tableau des Quadrumanes*, et ayant pour type le Jocko de Buffon ou l'Orang-outang de Tyson; *Simia troglodytes* des auteurs linnéens (mais non *Homo troglodytes* de Linné (1)).

SYNONYMES. CHIMPANZÉ. Cuv., *Règne anim.*, 2e éd., 1829.

        ANTHROPOPITHÈQUE, *Anthropopithecus*. . . . . . Blainv., *Leçons orales*, 1839 (2).

HABITAT. L'Afrique, région occidentale, et intérieur.

ESPÈCES. Deux seulement. Encore l'une n'est-elle établie que depuis trois ans (3).

1. T. CHIMPANZÉ. *T. niger.*   De l'Afrique occidentale.

ORANG OUTANG. . . . . Tyson, *Or. Outang*, in-4º. Londres, 1699.
JOCKO. . . . . : . . . Buff., t. XIV, pl. 1; 1766.
PONGO. . . . . Le même, *Suppl.*, t. VII, p. 2; 1789.
       Simia troglodytes. . . . . Gm., 1788.
T. CHIMPANZÉ, *Troglodytes niger.* . . . . Geoff. Saint-Hilaire, *loc. cit.*, 1812.

(1) L'*Homo troglodytes* n'est qu'une espèce nominale à retrancher de la synonymie, comme formée à l'aide de traits empruntés aux sources les plus diverses. L'*Homo troglodytes* se rapporte plutôt aux grands Singes anthropomorphes d'Asie qu'à ceux d'Afrique, mais bien plus encore à divers albinos humains. De là la couleur attribuée à l'*Homo troglodytes* : celui-ci est dit *blanc;* le Singe auquel on l'avait rapporté, est tout *noir.* Il est difficile de concevoir qu'une telle confusion ait pu se perpétuer jusqu'à ce jour dans les livres de zoologie.

(2) Nous ne citerions pas ce nom, que M. de Blainville n'a pas cru devoir reprendre lui-même, s'il n'eût été publié et admis par quelques auteurs. V. Sénéchal, *Dictionn. pittor. d'hist. nat.*, article *Quadrumanes*, 1839; Hollard, *Élém. de zool.*, 1839, et Pouchet, *Zool. class.*, t. I, 1841.

(3) M. Geoffroy Saint-Hilaire avait soupçonné, dès 1828, d'après l'examen d'un crâne de la Collection anatomique du Muséum, l'existence d'une seconde espèce (*Cours de l'hist. nat. des Mamm.*, leç. VII, p. 19); mais rien n'était venu confirmer cette prévision, lorsqu'en 1847 M. Savage, missionnaire protestant, découvrit, sur les bords de la rivière du Gabon, un Troglodyte qu'il nomma *Tr. gorilla* (V. *Journ. of the nat. history*, Boston, 1847). M. Owen établissait de son côté la même espèce quelques mois après sous le nom de *T. Savagei* (*Proceed. of the zool. Society*, f évr. 1848). Depuis, M. Owen, dans un autre travail (*Transact. of the zool. Soc.*, t. III, p. 381), et M. Wyman (*ibid.*) en ont confirmé l'existence mais toujours d'après l'examen du crâne et des dents. Le Muséum doit à un don précieux de M. Gautier, chirurgien de la marine nationale, non-seulement un crâne adulte, mais aussi un squelette également adulte, dont M. de Blainville allait publier la description lorsque la mort nous l'a enlevé.

Quant au *Pithecus leucoprymma*, Lesson, *Illustrat. de zoologie*, pl. 32, 1831, on doit également se garder de voir en lui un *T. gorilla*, ou de le considérer comme une troisième espèce : ce n'est qu'un jeune *T. niger;* M. Lesson l'a reconnu lui-même dans ses derniers ouvrages. L'individu sur lequel avait été établie cette prétendue espèce, a été figuré dans la Collection des vélins par M. Chazal.

Série d'individus parmi lesquels :

⅄ (N° 2 de l'ancien Catalogue.) *L'un des types de l'espèce et du genre.* C'est en effet le Jocko de Buffon, qui avait observé cet individu, tandis qu'on le montrait vivant à Paris, en 1738. C'est ce même individu qui, mort depuis à Londres en 1741 et presque aussitôt acquis pour la Collection de Paris, est devenu le sujet des observations de MM. Cuvier et Geoffroy Saint-Hilaire, de la figure d'Audebert, etc. Il venait de la côte d'Angole.

♀ Ayant vécu à la Ménagerie en 1837 et 1838. Figuré par M. Werner dans la Collection des vélins (deux dessins).

On a placé à côté de cet individu les moules coloriés de son buste et de ses membres.

⅄ (Conservé dans l'alcool.) Ayant vécu en 1848 et 1849 à la Ménagerie, à laquelle il avait été donné par M. le colonel Bertin-Duchâteau.

Nous avons fait placer sous les yeux du public, à côté des Troglodytes montés, deux daguerréotypes de ce dernier individu, exécutés *au soleil* d'après le vivant. Ces daguerréotypes sont les premiers essais de l'application de la photographie à la représentation d'animaux vivants, non dressés à poser, ou maintenus immobiles. (*Comptes rendus de l'Académie des Sciences*, t. XXVII, p. 436, 1848.)

On voit aussi dans la même armoire les bustes moulés de deux autres individus, ainsi que le bras du plus grand de ceux-ci.

Genre II. — ORANG. *SIMIA.*

MM. Cuvier et Geoffroy Saint-Hilaire ont établi en 1795 (*Hist. nat. des Orangs outangs; Magas. encyclopéd.*, 1ʳᵉ année, t. III, p. 147) le genre Orang, *Simia*, dans lequel, toutefois, ils comprenaient tous les Singes de la première tribu. Par la formation successive des genres *Hylobates*, en 1811, et *Troglodytes*, en 1812, ce genre s'est trouvé circonscrit dans ses limites actuelles.

SYNON.			
Pongo.....	*Pongo.*	Lacépède, *Tableau de classif.*, 1798.
Orang.....	*Pithecus.*	Geoff. Saint-Hilaire, *loc. cit.*, 1812.
	Satyrus.	Ogilby, *The nat. hist. of Monkeys*, 1838.
Brachiopithèque.	*Brachiopithecus* (en partie)	Blainv., *Leçons orales*, 1839 (1).
Orang.....	*Satyrus.*	Less., *Mém. de l'Inst.*, cl. des sc., t. III, 1799.

Nous devons faire remarquer que le nom de *Pithecus* a été employé et l'est encore comme désignation générique par un grand nombre d'auteurs. Mais le nom de *Simia*, plus ancien, non-seulement en général, mais dans son application particulière aux Orangs, est aujourd'hui plus usité encore. Son adoption résulte donc nécessairement pour nous des règles de la nomenclature.

Hab. L'archipel Indien, spécialement les îles de la Sonde, et peut-être le midi de l'Inde continentale.

Esp. L'Orang Outan, *Simia satyrus* L., est le type de ce genre, et, selon plusieurs auteurs (2), il en serait l'unique espèce connue. Avec d'autres zoologistes (3), nous en admettons plusieurs caractérisées aussi bien par des différences ostéologiques que par des caractères extérieurs (4). Le Muséum en possède deux, et vraisemblablement, de plus, le squelette adulte d'une troisième, l'Orang de Wurmb, *Simia* ou *Pongo Wurmbii*

(1) Et Sénéchal, Hollard et Pouchet, *locis cit.*
(2) Voy. principalement M. Dumortier, *Bulletin de l'Acad des Sc. de Bruxelles*, t. V, p. 756, 1838, et M. Temminck, *Monographies de mammalogie*, t. II, p. 366, 1838.
(3) Voyez principalement Geoffroy Saint-Hilaire, *Cours de l'hist. nat. des Mammif.*, 1828, et Blainville, dans les *Comptes rendus de l'Acad. des Sc.*, t. II, p. 76, 1836.

de divers auteurs. Ce squelette est celui même de l'*individu type*, et il diffère à plusieurs égards du squelette de l'Orang Outan. Quant à l'existence ou à l'absence des singuliers lobes des pommettes chez les mâles, ces caractères, auxquels on avait attaché beaucoup d'importance, ne distinguent nullement les espèces. L'Orang de Wurmb avait les *pommettes lobifères* aussi bien que l'Orang Outan, ainsi que nous l'avons montré ailleurs en rétablissant le texte, mal lu et mal cité, du Mémoire de Wurmb.

1. O. Outan. *S. satyrus.*   De Bornéo. Et de Sumatra? (1).

S. satyrus.	Lin.
Jocko.	Buff., *Suppl.*, VII, p. 2.
Orang Outang. *S. satyrus.*	Cuv. et Geoff., 1795.

C'est l'espèce rousse (roux-vif ou roux-brun), à orbites ovalaires, que l'on voit assez fréquemment en Europe.

Cinq individus dont trois adultes :

♂ ♂ ♀. De Bornéo. Envoyés par le Musée royal des Pays-Bas.

♀ Donné en 1809 par l'impératrice Joséphine. Il avait été ramené en France par M. Decaen, et il a vécu à la Malmaison en 1808 et 1809. Il a été le sujet de nombreuses publications. Il est figuré par M. Dewailly d'après le vivant.

♀ (Conservé dans l'alcool.) Provenant de l'expédition autour du monde de *la Favorite* et donné en juin 1844 par M. Léclancher, chirurgien de la marine nationale.

2. O. bicolore. *S. bicolor.*

O. bicolore. *Pithecus bicolor.* . . . . . . Is. Geoff., *Atti della terza riun. d. Scienz. Ital.*, 1841, et *Arch. du Mus.*, t II, 1843.

Facile à distinguer de l'espèce précédente par la couleur fauve-blanchâtre des flancs, des aisselles, de la portion interne des cuisses, du tour de la bouche. Les orbites sont quadrangulaires.

♂ *Type de l'espèce.* De Sumatra. Il a vécu à la Ménagerie en 1836 et 1837.

Figuré par M. Werner, d'après le vivant, dans la Collection des vélins.

Cet individu est en outre l'original des belles lithographies, de grandeur naturelle, exécutées et publiées par le même artiste.

On a placé à côté de l'Orang bicolore son buste moulé et colorié.

<h2 style="text-align:center">Genre III. — GIBBON. HYLOBATES.</h2>

Genre créé en 1811 par Illiger, *Prodromus*, et généralement admis sous le nom d'*Hylobates*. Dès 1766, Buffon avait nettement indiqué ce groupe sous le nom de Gibbon. Le type est le grand Gibbon de Buffon, *H. lar.*

SYNON. Brachiopithèque, *Brachiopithecus* (en partie). . . Blainv. (V. ci-dessus.)

Hab. Les parties méridionale et orientale du continent de l'Asie et l'archipel Indien, spécialement les îles de la Sonde.

Esp. Nombreuses, et divisibles en trois sections.

(1) Il n'est pas entièrement démontré pour nous que le véritable Orang Outan existe à Sumatra.

1° *Espèces à gorge velue, à doigts tous très-peu réunis à leur base.*

1. G. CENDRÉ. *H. leuciscus.*   De Java et de Sumatra.

S. leucisca. . . . . Schreb.
Wouwou. . . . . Camper et plusieurs auteurs (mais non Duvaucel et Fr. Cuvier).
   H. leuciscus. . . . Kühl, *Beitræge*, § 6, 1811.
G. CENDRÉ. . . . . Cuv., *Règne anim.*, 1817.

⚲ Individu ayant vécu à la Ménagerie en 1843.
♂ ♂ De Java. Envoi de M. Diard, 1821.
♀ (N° 3 de l'ancien Cat.) De l'ancienne Collection du stathonder.
   Figuré par Audebert, fam. I, sect. 2, pl. 2, sous le nom de Moloch,
   Simia Moloch (1).

2. G. AGILE. *H. agilis.*   De Sumatra.

Wouwou. . . . . Duvaucel dans Geoff. Saint-Hilaire et Fr. Cuvier, *Hist. nat. des Mamm.*,
                    1821.
Wouwou. . *H. agilis.* . . . . Fr. Cuv., *ibid.*

Décrit sous le nom de *H. variegatus* par plusieurs auteurs qui ont cru retrouver en lui le *Pith. variegatus*, Geoff. Saint-Hilaire; celui-ci, établi sur le petit Gibbon de Buffon, est le Gibbon lare.

  ♂ ♂ ♀ *Types de l'espèce.* Envoi de M. Duvaucel, sept. 1821. Ces individus
    sont, selon l'état normal de l'espèce, bruns, avec le dos, les fesses et le
    derrière de la tête fauve ou d'un brun clair.
  ♂ De Sumatra. Même envoi. Même disposition de couleur, mais très-pâle sur
    toutes les parties supérieures.

3. G. DE MULLER. *H. Mulleri.*   De Bornéo.

H. concolor. . . . Sal. Muller, *Over de Zoogd. van den Ind. Archipel*, 1841.
H. Mulleri. . . . . L. Martin, *Gener. introd. to the nat. Hist.; Quadrum. or Monk.*,
                 p. 144, 1841.

M. Temminck, dont l'autorité est si grande à l'égard de la Faune de Bornéo, a récemment confirmé l'existence de cette espèce (*Coup d'œil sur les possess. neerland.*, t. III, p. 403, 1849). Nous croyons devoir l'admettre; mais non sous le nom de *concolor* employé par MM. Muller et Temminck, qui ont cru retrouver en lui l'*H. concolor* de Harlan : *Journ. Acad. nat. Sc. of Philadelphia*, t. V, p. 229, 1825. Celui-ci, qui est dit tout noir (*corpore pilis nigris obtecto*), est fort différent de l'espèce qui nous occupe en ce moment (2).

(1) A la suite de cette espèce, et comme la reliant avec les deux suivantes et particulièrement avec l'*H. Mulleri*, nous indiquerons un Gibbon que M. le docteur Léclancher (le même qui est cité à la page précédente) vient de ramener vivant de l'île Solo, et dont il a bien voulu faire don à la Ménagerie. Nous l'avons fait connaître dans une note présentée à l'Académie des Sciences (*Compt. rendus*, t. XXXI, p. 874); et nous mettons à profit les longs retards qu'a subis l'impression de ce Catalogue, pour y mentionner aussi cette remarquable espèce nommée par nous *Hyl. funereus*; c'est-à-dire Gibbon noir et gris ou Gibbon deuil. La plus grande partie de son pelage est d'un gris de souris, dont la teinte (un peu plus lavée de jaune cependant) diffère peu de celle de l'*H. leuciscus*; mais la gorge, la poitrine, le ventre, le dessous des mains antérieures sont en grande partie noirâtres, ainsi que la région supérieure et antérieure de la tête. Le dedans des membres tire sur la même couleur.
  La voix de ce Gibbon diffère de celle du G. cendré.

(2) Il est d'ailleurs très-vaguement décrit, et l'espèce doit être considérée comme fort douteuse; car elle ne repose que sur un individu très-jeune et hermaphrodite que l'on disait venir de Bornéo. Or il ne paraît pas qu'il existe de Gibbons noirs à Bornéo.

♂ *L'un des types de l'espèce.* Ile de Bornéo. Envoyé par le Musée royal
des Pays-Bas. Même disposition de couleur que chez l'*H. agilis*, les
parties brunes d'une nuance plus foncée.

♀ *L'un des types de l'espèce.* Mêmes patrie et origine. Généralement d'un
fauve grisâtre, avec le dos plus clair et les parties antérieures plus foncées que le reste du pelage.

♀ De Bornéo. Acquis en 1850. Peu différent, malgré son jeune âge, du premier individu.

4. G. DE RAFFLES. *H. Rafflesii.*   De Sumatra.

         Simia lar. . . . . Raffl., *Transact Soc. linn.*, t. XIII, p. 242, 1821.
GIBBON DE RAFFLES. . . . . *H. Rafflei.* . . . . Geoff. S.-Hil., *Cours de l'hist. nat. des Mamm.*, 1828.
Découvert presque simultanément par M. Raffles et par M. Duvaucel, ce Singe fut d'abord pris par eux
et par M. Fr. Cuvier pour l'*Homo lar* de Linné, *Simia lar* de Gmelin. Nous avons reconnu, il y a fort longtemps déjà, que le vrai *Homo* ou *Simia lar*, établi sur le grand Gibbon de Buffon, est l'espèce suivante.
     Le nom donné à cette espèce par M. Geoffroy Saint-Hilaire est aujourd'hui très-généralement adopté, mais
avec une légère modification orthographique que nous avons admise plus haut.

M. Sal. Muller (*Over de Zoogd. van den Ind. Archipel*, in-fol., 1841, p. 47) et
M. Martin (*loc. cit.*), selon une opinion anciennement émise, mais avec doute, par
M. Desmarest, ne voient dans cette espèce qu'une variété du Gibbon agile. Nous croyons
devoir suivre les indications données par M. Duvaucel, et conformes d'ailleurs au té-
moignage des Malais, qui distinguent l'*Ungka-etam* ou *Oengko-itam*, c'est-à-dire Orang
noir, de l'*Ungka-puti* ou *Oengko-poetih*, qui est l'espèce précédente.

♂ ♀ De Sumatra. Envoi de M. Duvaucel. Originaux des figures dessinées par
ce voyageur, et publiées par M. F. Cuvier.

5. G. LAR. *H. lar.*   De la presqu'île de Malaca et de Siam. De Java (1)?

GRAND GIBBON, ... Buff., t. XIV, pl. II; Daubent., *ibid.*, p. 96, 1766.
PETIT GIBBON, ... Le même, *ibid.*, pl. III, Daubent., *ibid.*, p. 102, 1766.
         Homo lar . . . Lin., *Mantissa plantarum (in appendice)*, p. 521, 1771.
         Simia lar. . . . Gm.; 1788.
         Hyl. lar . . . Illig., *Abhandl. der Akad. der Wissensch.* de Berlin, t. III,
                 p. 88, 1815.
G. AUX MAINS BLANCHES. *H. lar.* . . . . Geoff. Saint-Hilaire, *loc. cit.*, 1828.
     Nous avions adopté pour cette espèce, comme un grand nombre d'auteurs, le nom spécifique d'*albimanus*
proposé par MM. Vigors et Horsfield (*Zool. Journal*, n° 13, 1820), nom très-heureusement caractéristique
de ce Gibbon si distinct par ses quatre mains blanches ou d'un gris clair. Mais les auteurs les plus récents
ont repris le nom linnéen, et nous ne pouvons hésiter à suivre leur exemple, et à obéir encore ici aux règles
générales de la nomenclature.

Série d'individus : pour la plupart envoyés de Java par M. Diard,
1826 et 1832, et de la presqu'île de Malaca par MM. Eydoux et
Souleyet, expédition autour du monde de *la Bonite*.

Parmi eux, deux individus sont remarquables par l'état de leur pelage :

♀ De l'envoi de M. Diard, 1826. Presque uniformément d'un fauve pâle,
blanchissant sur le dos.

_____

(1) Le Muséum de Paris possède des individus envoyés de Java par M. Diard, les uns en 1826, d'autres
en 1832. Cependant MM. Temminck et Sal. Muller, auxquels est si bien connue la Faune javanaise, assurent
que cette espèce ne se trouve pas à Java. M. Diard aurait-il deux fois envoyé de Java des individus importés
du continent dans cette île? Ces individus auraient-ils été seulement expédiés de Java?
     Quant au royaume de Siam, nul doute. L'évêque de Tabraca caractérise nettement l'espèce sous le nom
d'*Ouke* dans l'*Histoire civile et nat. de Siam* publiée par Turpin, 1771, t. II, p. 308. C'est une addition
intéressante à faire à la synonymie de l'*H. lar*.
     N'existerait-il pas deux espèces à *mains blanches* ou *blanchâtres*? Nous avons plusieurs motifs pour le penser.

♂ De la presqu'île de Malaca par MM. Eydoux et Souleyet. Très-singulière
variété : le côté gauche presque aussi pâle que chez l'individu précédent,
le côté droit beaucoup plus foncé ; en dessous, les deux couleurs se rencontrent précisément sur la ligne médiane. C'est un passage curieux entre
l'état normal et cet état d'albinisme dont il existe tant d'exemples parmi
les Gibbons.

En outre :

○ Acquis en 1850. Ventre blanchâtre. Peut-être le jeune d'une espèce nouvelle.

6. **G.** Hoolock. *H. Hoolock.*   De l'Inde continentale, et spécialement de l'Assam.

SYNON. . . . . *H. Hoolock.* . . . . Rich. Harlau (et non Harlow), *Transact. amer. philos.*
                                                      Soc., nouv. série, t. IV, p. 52 ; 1834.

♀ Nous ignorons l'origine de ce Singe très-précieux.

Cette espèce, remarquable par son pelage d'un beau noir sur lequel tranche une
bande sourcilière blanche ou d'un gris clair, avait été à tort décrite comme manquant
de callosités ischiatiques : nous avons constaté l'existence de callosités aussi développées que chez les autres Gibbons.

2° *Espèce à gorge velue, ayant le second et le troisième doigts postérieurs en
grande partie réunis.*

7. **G.** entelloïde. *H. entelloides,*   De la presqu'île Malaise.

G. entelloïde, *H. entelloides.* . . Is. Geoff., dans le *Voy. de Jacquemont*, t. IV, p. 13, 1844.

Dans cette espèce, à pelage d'un fauve très-clair avec le tour de la face blanc et la
face noire, le deuxième et le troisième doigts postérieurs sont réunis par une membrane
jusque vers l'articulation de la première phalange avec la seconde.

♂ ♀ ♀ *Types de l'espèce.* De la presqu'île Malaise, vers le 12e degré de latit.
nord. Envoyés et donnés par M. Barre, missionnaire apostolique dans
l'Inde et la Malaisie. Deux de ces individus ont été figurés dans la Collection des vélins par M. Werner, dont nous avons fait graver les dessins,
Arch. du Mus., t. II, pl. XXIX.

3° *Espèce à gorge nue très-dilatable, ayant le second et le troisième doigts
postérieurs en grande partie réunis.*

M. Boitard, *Jardin des Plantes*, p. 11, 1842, a fait de cette section le genre *Syndactylus ;* M. Gray, *List of the spec. of Mammalia*, p. 2, 1843, en a fait le genre
Siamanga. Quant à la réunion des doigts, notre Gibbon entelloïde fait le passage des
Gibbons ordinaires, dont il est impossible de le séparer, à l'espèce suivante. Le second
caractère que nous venons d'indiquer (ou du moins les caractères intérieurs que rappelle celui-ci) isole davantage l'espèce dont il reste à parler.

8. **G.** syndactyle. *H. syndactylus.*

Simia syndactyla, ... Raffl., *loc. cit.*, p. 241, 1821.
Siamang, *H. syndactylus.* . . . . . . Fr. Cuv., *loc. cit.*, 1821.

Les second et troisième doigts postérieurs sont réunis par les téguments (1) jusque
vers l'articulation de la seconde phalange avec la troisième.

♂ ♀ ○ *Types de l'espèce.* De Sumatra. Ces individus, communiqués à M. Raffles par M. Duvaucel, ont été envoyés au Muséum en 1821.

(1) Et non par *des ligaments*, ainsi qu'on nous l'a fait dire dans le *Voy. de Jacquemont, loc. cit.*, p. 9.

IIᵉ TRIBU. — LES CYNOPITHÉCIENS. *CYNOPITHECINA.*

Cette tribu correspond aux Guenons et aux Babouins de Buffon, *Cercopitheci* (1) et *Papiones* d'Erxleben et aux *Cynocephalina* de M. Ch. Bonaparte (2).

Nous chercherons, comme nous l'avons fait plus haut, à faciliter la distinction des genres en en présentant synoptiquement les caractères indicateurs. Ces genres se répartissent très-naturellement en deux sections.

Les genres peu nombreux de la *première section* se rapprochent encore beaucoup de l'Homme par la conformation générale de la tête; le premier a, en outre, comme lui (et beaucoup plus que lui) le nez saillant. Mais, dans ces Singes, l'estomac est très-différemment conformé et particulièrement très-complexe, et les mains antérieures sont toujours plus ou moins imparfaites.

Dans la *seconde section*, au contraire, l'estomac est simple comme chez l'Homme, et les mains antérieures sont toujours assez bien conformées. La tête est encore arrondie dans quelques genres, plus ronde et même à museau plus court dans le premier genre que chez aucun autre Singe de l'ancien monde; mais dans les derniers groupes le museau s'allonge beaucoup, en même temps que le crâne se déprime et que les formes deviennent lourdes.

SECTION I. — *Genres à estomac complexe.*

Nez { très-proéminent . . . . NASIQUE . . . . *Nasalis:*
court, aplati; pouces antérieurs { courts . . . . SEMNOPITHÈQUE. *Semnopithecus.*
rudimentaires . . . . COLOBE . . . . *Colobus.*

SECTION II. — *Genres à estomac simple.*

1º Museau extrêmement court; dernière molaire inférieure à *trois* tubercules seulement :
Un seul genre . . . . MIOPITHÈQUE. . *Miopithecus.*

2º Museau court; dernière molaire inférieure à quatre tubercules :
Un seul genre . . . . CERCOPITHÈQUE. *Cercopithecus.*

3º Museau plus ou moins allongé; dernière molaire inférieure à cinq tubercules (3); narines non terminales :

Formes { encore légères . . . . CERCOCÈBE. . . . *Cercocebus.*
lourdes (chez l'adulte); museau { allongé; . . { queue existante . MACAQUE. . . . *Macacus.*
point de queue . MAGOT. . . . *Inuus.*
très-allongé { queue existante . THÉROPITHÈQUE. *Theropithecus.*
point de queue. . CYNOPITHÈQUE. . *Cynopithecus.*

4º Museau très-allongé; dernière molaire inférieure à cinq tubercules; narines terminales :
Un seul genre . . . . CYNOCÉPHALE. . *Cynocephalus.*

GENRE IV. — NASIQUE. *NASALIS.*

Établi en 1812 par M. Geoffroy Saint-Hilaire dans le *Tableau*, déjà cité, *des Qua-*

(1) Le genre *Cercopithecus* étant le principal et le plus connu de cette tribu, et en représentant le type et en quelque sorte la moyenne, c'est le nom de *Cercopithéciens* que nous eussions adopté, sans la signification que ce mot eût reçu nécessairement de ses données étymologiques. *Cercopithèque* vient de κέρκος, *queue*, et de πίθηξ ou πίθηκος, *singe*, et veut dire *Singe à queue*. Il serait absurde de dire que le Magot est un Cercopithécien. Les noms de *Semnopithéciens, Colobiens, Cynocéphaliens*, dérivés des noms génériques *Semnopithèque, Colobe, Cynocéphale*, auraient des inconvénients analogues, comme mots trop significatifs. Nous avons eu recours au mot *Cynopithéciens*, dérivé du nom générique *Cynopithèque*, comme ayant l'avantage de rappeler seulement d'une manière générale la marche quadrupède et l'infériorité des Singes de la seconde tribu.

(2) *Tableaux de Classification*, publiés en 1850.

(3) La dernière molaire inférieure est aussi à cinq tubercules chez presque tous les Cynopithéciens de la première section.

drumanes, pour l'un des plus singuliers Primates connus, la *Guenon à long nez*, placée jusqu'alors parmi les Guenons ou Cercopithèques. Depuis, plusieurs auteurs ont réuni les Nasiques aux Semnopithèques. Il importe de remarquer que le nez si singulièrement développé des Nasiques ne diffère pas seulement par ses dimensions du nez si déprimé des Semnopithèques; il est établi sur un autre type, les narines étant, chez les premiers, par excellence, *infra-nasales* et très-rapprochées, tandis que le contraire a lieu chez les Semnopithèques.

Hab. Les îles de la Sonde.

Esp. On ne connaît toujours, du moins avec certitude, qu'une seule espèce.

1. N. masqué. *N. larvatus.* De Bornéo. De Sumatra?

Guenon a long nez	Buff., *Suppl.*, t. VII.	
S. *nasalis*	Sh.	
Kahau.	Cercop. *larvatus*.	Wurmb, *Verhand. van het batav. Genootch*, t. III.
Kahau.	*Nasalis larvatus*.	Geoff. S.-H., *loc. cit.*

Le *Nasalis recurvus* de MM. Vigors et Horsfield , *Zoolog. Journ.*, t. IV, est considéré comme établi sur un jeune *N. larvatus*. Peut-être s'est-on trop hâté de rejeter cette espèce.

Série d'individus, parmi lesquels :

♂ (N° 27 de l'ancien Catal.) De Bornéo : c'est d'après cet individu que le genre a été établi. Il est aussi l'original de la figure d'Audebert (fam. 4, sect. 2, pl. 1), et d'un grand nombre de descriptions.

Il avait été retiré de l'alcool.

♂ ♀ De Bornéo, par MM. Hombron et Jacquinot, expédition de *l'Astrolabe*, 1841.

♀ Envoyé en 1832 par M. Diard. Il est très-douteux que cet individu vienne de Bornéo; nous avons même quelques motifs pour croire le contraire. Ainsi que l'a remarqué M. Martin, ce Singe diffère à plusieurs égards des autres Nasiques et se rapproche du *N. recurvus* de divers auteurs anglais.

Genre V. — SEMNOPITHÈQUE. *SEMNOPITHECUS.*

Genre créé en 1821 par M. Fr. Cuvier, *Hist. nat. des Mamm.*, et dont l'Entelle, précédemment placé parmi les Guenons ou Cercopithèques, doit être considéré comme le type. Le groupe des Semnopithèques est généralement admis avec une valeur générique depuis les observations de MM. Otto, Duvernoy et Owen sur l'estomac, singulièrement complexe, de ces Singes.

Synon. . . . . *Presbytis*. . . . . Eschscholtz, dans l'*Entdeck. Reise* de Kotzebue, 1821.

Il est à remarquer que le Singe décrit par M. Eschscholtz sous le nom de *P. mitrata* n'a pas exactement le système dentaire de l'Entelle, et en diffère en outre par quelques autres caractères. Il pourra y avoir lieu plus tard d'admettre le genre *Presbytis* à côté du genre *Semnopithecus*.

Hab. L'Asie méridionale et orientale ; l'archipel Indien.

Esp. Très-nombreuses. Nous les diviserons, pour faciliter leur étude, en plusieurs sections, que nous distinguerons d'après les dispositions assez différentes que présentent les poils de la tête. A ces caractères indicateurs correspondent des modifications plus importantes dans les formes générales, la conformation des mains et le système dentaire.

1° *Espèces ayant les poils du dessus de la tête, à partir du front, couchés et dirigés en arrière.*

Les espèces de cette section sont généralement du continent et des îles adjacentes.

1. S. DOUC. *S. nemæus.*   De la Cochinchine.

Douc. . . . . Buff., XIV, 298.
    Simia nemæus. . . . . Gm.
    Semn. nemœus. . . . . Fr. Cuv., *Hist. nat. des Mamm.*, 1825.
    Le genre *Lasiopyga*, Illig., ou *Pygathrix*, Geoffr. S.-H., avait été fondé sur la prétendue absence des callosités ischiatiques dans cette espèce. Les callosités ne manquent chez l'individu type de l'espèce qu'en raison de l'état défectueux de la peau.

Série d'individus, la plupart choisis parmi dix sujets envoyés en 1822 de la Cochinchine par M. Diard. Parmi les autres :

♀ (N° 26 de l'ancien Catal.) *Type de l'espèce* et longtemps le seul individu connu. De la Cochinchine. Donné à Buffon par Poivre.

♀ De la Cochinchine. De l'expédition de *la Danaïde* par M. Jaurès, 1843.

♂ De la Cochinchine, environs de Tourane. Par MM. Eydoux et Souleyet, expédition de *la Bonite*, 1837. Fœtus déjà remarquable par la bigarrure de ses couleurs et reconnaissable à la tache triangulaire de l'origine de la queue.

2. S. AUX FESSES BLANCHES. *S. leucoprymnus.*   De Ceylan.

    Cercopithecus (?) *leucoprymnus.* . . . Otto, *Nova Acta Acad. nat. Cur.*, XII, 505, 1825.
    Semnop. leucoprymnus. . . . . . . Desmar., *Dict. Sc. nat.*, art. *Semnopithèque*, 1827.
    Le Soulili, *S. fulvogriseus* de M. Desmoulins (*Dict. class. d'hist. nat.*, art. *Guenon*, 1825), est cette même espèce quant à ses caractères extérieurs, et elle a été décrite d'après l'individu ci-dessous. Mais tout ce que dit l'auteur du squelette (que nous ne possédions pas en 1825), ainsi que la patrie qu'il assigne à son Soulili, et de plus ce nom lui-même, se rapportent à une espèce fort différente mentionnée plus bas sous le nom de *S. mitratus.* (Voy. p. 16. Voy. aussi ci-dessous l'article du *S. obscurus.*)

○ De Ceylan. Envoi de M. Leschenault, juillet 1822.

3. S. BARBIQUE. *S. latibarbatus.*   Patrie inconnue.

SINGE A QUEUE DE LION. . . . . Pennant (1), *Syn. of Quadrupeds*, 1771.
    Simia latibarbata. . . . . . . Tem., *Catalog. manuscrit.*
GUENON BARBIQUE,   *Cercopithecus latibarbatus* . . . Geoff. S.-H., *Tabl. des Quadrum.*, 1812.

M. J.-B. Fischer a émis avec doute l'opinion, et M. Martin a cru pouvoir affirmer, que cette espèce est identique avec la précédente. Elle en est, en effet, pour le moins très-voisine. Cependant l'examen que nous avons fait de l'individu, malheureusement très-jeune, du Muséum et de la figure de Pennant, fournit plusieurs arguments en faveur de l'existence d'une espèce distincte à queue moins longue, mais floconneuse à son extrémité, et à pelage plus uniforme, notamment dans la région postérieure du corps.

♂ D'origine inconnue. Sujet des descriptions de MM. Geoffroy Saint-Hilaire et Desmarest.

4. S. OBSCUR. *S. obscurus.*   De la presqu'île Malaise.

    S. obscurus. . . . . Reid. *Proceed. zool. Soc.*, 1833 (simple indication);
                                  Martin, *loc. cit.*, 1841.

Série d'individus :

♂ ♂ ♀ De la presqu'île Malaise, par MM. Eydoux et Souleyet, expédition de *la Bonite*, 1838. Décrits et figurés dans la relation du voyage de *la Bonite* sous le nom de *Semn. albo-cinereus*, les auteurs ayant cru retrouver dans cette espèce le *Cercop. albo-cinereus* de M. Desmarest, espèce établie sans doute par suite d'une confusion de notes, et qui est à retrancher.

♂ ♀ De la presqu'île Malaise, par M. de Montigny, 1848.

_____

(1) Cet auteur a donné aussi le nom de Singe à queue de lion (*lion tailed Monkey*) au *Macacus silenus*.

5. S. A CAPUCHON. *S. cucullatus.* De l'Inde continentale.

S. A CAPUCHON, S. cucullatus. . . . . Is. Geoff., *Zool.* du *Voy.* de *Bélanger*, 1830.

Est-ce le *S. Johnii* de M. J.-B. Fischer, établi d'après les indications données par John, *Neu. Schriften der Gesellsch. naturf, Freunde*, t. I, p. 215? Le *S. Johnii* a bien la même patrie que le *Semn. cucullatus*, mais il est caractérisé ainsi : *vellere nitido* ATERRIMO. Notre espèce est bien loin d'être *aterrima;* elle n'est pas même *atra*. La queue et les membres seuls sont noirs; le corps est brun, et la tête d'un brun fauve.

  ♀ *L'un des types de l'espèce.* Des montagnes des Gates par M. Leschenault, 1822.

  ♂ *L'un des deux types de l'espèce.* Du nord de la côte Malabar. Rapporté et donné par M. Dussumier, 1830.

  ♂ (Conservé dans l'alcool.) Même pays. Donné aussi par M. Dussumier, 1830.

  2° *Espèces ayant les poils du dessus de la tête divergents à partir d'un point central et couchés.*

Le point central est situé sur la ligne médiane, à peu de distance du front : les poils qui sont en arrière, sont couchés comme dans la section précédente; ceux de devant se portent au-dessus des yeux, et, lorsqu'ils sont assez longs, forment au-dessus des yeux, avec les sourcils, une sorte de crête transversale.

Les espèces de cette section sont du continent, des îles adjacentes et des Philippines.

6. S. DE DUSSUMIER. *S. Dussumieri.* Du Malabar.

          Semn. Johnii, var. . . . L. Martin, p. 489, 1841.
SEMN. DE DUSSUMIER, *Semn. Dussumieri.* . . . Is. Geoff., *Compt. rend. de l'Acad. Sc.*, t. XV, 719, 1842, et *Arch. du Mus.*, t. II, 1843.

Nous avions déterminé et étiqueté, comme espèce distincte, mais nous n'avions pas encore publié ce Semnopithèque, lorsque M. Martin a visité nos galeries de zoologie; il a cru ne pas devoir adopter notre détermination et il a considéré notre *S. Dussumieri* comme une simple variété de notre *S. cucullatus*, nommé par lui *Semn. Johnii*. Nous maintenons notre détermination; et aucun doute n'est possible sur la distinction de nos deux espèces, *qui appartiennent à deux sections différentes*. Il y a d'ailleurs d'autres caractères que ceux qui résultent de la disposition des poils de la tête. Nous mettons plus bas en regard, à l'article du *S. albipes*, les caractéristiques de ces espèces à tort confondues.

  ♀ ○ (La mère et l'enfant.) *Types de l'espèce.* De la côte du Malabar. Rapportés et donnés par M. Dussumier, 1830.

    Tous deux ont été figurés dans la Collection des vélins par M. Werner, dont nous avons fait graver les dessins, *Archives du Mus.*, t. II, pl. XXX.

  ♂ Même origine.

7. S. ENTELLE. *S. entellus.* De l'Inde.

ENTELLE, *Simia entellus.* . . . . Dufr., *Bull. de la Soc. philom.*, 1797.
ENTELLE, *Semn. entellus.* . . . . Fr. Cuv., *loc. cit.*, 1821.

  ♂ ♀ Du Bengale. Envois de Duvaucel, 1822 et 1825.

  ♂ De l'Inde. Rapporté et donné par M. le capitaine Houssard sous le nom de *Singe philosophe.*

  ♂ ♀ Ayant vécu à la Ménagerie.

7. S. AUX PIEDS BLANCS. *S. albipes.*   Des Philippines.

Espèce nouvelle, voisine des *S. entellus* et *S. Dussumieri*, mais distincte de tous deux dès le premier aspect par la coloration de ses mains, qui, au lieu d'être *noires*, sont d'une couleur très-claire, savoir : les antérieures d'un gris-fauve sale, avec les doigts en partie blancs ; les postérieures d'un blanc-sale un peu lavé de jaune.

♂ ♀ *Types de l'espèce.* De Manille, par M. Jaurès, expédition de *la Danaïde.*

3º *Espèces ayant les poils du dessus de la tête relevés, ceux de la partie antérieure arqués en avant.*

Les espèces de cette section et de la suivante sont de la partie méridionale de l'archipel Indien, et particulièrement des îles de la Sonde.

8. S. HUPPÉ. *S. cristatus.*   De Sumatra.

Simia cristata.	Raffl., *Transact. linn. Soc. of Lond.*, XIII, p. 244, 1821.
SEMN. TSCHIN-COO, *Semn. pruinosus.*	Desmar., *Mamm.*, *Supplém.*, p. 533, 1822.

M. Cuvier a réuni cette espèce au *Semn. mitratus :* celui-ci en est très-distinct.

Série d'individus, la plupart des collections de MM. Diard et Duvaucel.

Parmi eux :

♂ Individu sur lequel M. Desmarest avait établi son *S. pruinosus.*

En outre :

♂ De Sumatra, baie des Lampongs, par MM. Hombron et Jacquinot, expédition de *l'Astrolabe*, 1841.

9. S. NÈGRE. *S. maurus.*   De Java.

GUENON NÈGRE	Buffon, *Suppl.*, VII, p. 83 (vraisemblablement d'après un jeune).
Simia maura	Schreb. (mais non Raffl.).
GUENON NÈGRE. *Cercop. maurus.*	Geoff. S. H., *Tabl. des Quadrum.*, 1812.
TCHINCOU. . . *Semn. maurus.*	Fr. Cuv., *Hist. nat. des Mamm.*, 1822.

Cette espèce, bien que l'une des plus anciennement connues, est l'une de celles dont la détermination rigoureuse offre le plus de difficultés. Le *S. cristatus*, noir, avec quelques tiquetures blanches et une huppe assez longue et assez fournie ; le *S. maurus*, noir, ordinairement sans tiquetures, avec une tache blanche, ou du moins quelques poils blancs au-dessus et près de l'origine de la queue, et avec la huppe plus courte et moins fournie, sont deux espèces admises par tous les auteurs, mais entre lesquelles on trouve des passages. On distingue plus facilement une troisième espèce, le *S. femoralis*, très-voisin encore, mais avec des lignes blanchâtres en dedans des membres et sous le

(1) Nous mettons en regard les caractères indicateurs de ce nouveau Semnopithèque avec ceux des deux précédents. Nous y ajoutons les caractères de notre *S. cucullatus*, afin de prévenir le retour de la confusion faite entre celui-ci et notre *Semn. Dussumieri.*

S. cucullatus. Poils du dessus de la tête *couchés et dirigés en arrière à partir du front*; corps *brun*; queue et *membres noirs*; tête d'un brun fauve.

S. Dussumieri. Poils du dessus de la tête *divergents à partir d'un point central, à quelque distance du front*; pelage d'un gris brunâtre sur le corps et fauve sur la tête, le col, les flancs et le dessous du corps; queue et membres d'un brun qui passe au *noir* sur une grande partie de la queue, les avant-bras et les *quatre mains.*

S. entellus. Poils du dessus de la tête disposés comme chez le précédent; pelage d'un *fauve pâle* passant au gris sur quelques parties, principalement sur le dos et sur la queue; les quatre mains noires ou noirâtres.

S. albipes. Pelage d'un gris brunâtre sur le corps et plus ou moins fauve sur la tête; parties inférieures blanchâtres; queue d'un gris sale passant au brunâtre chez l'adulte, avec l'extrémité plus claire; *mains antérieures d'un gris-fauve sale*; les postérieures, ainsi qu'une partie de la jambe, d'un blanc-sale un peu lavé de jaune.

La disposition des poils de la tête est-elle la même que chez les deux précédents? Chez nos individus, en arrière du point de divergence, les poils sont relevés en une sorte de touffe. Serait-ce un effet de la préparation?

bas-ventre et la queue; voy. ci-après. Selon M. Temminck (*Coup d'œil gén. sur les poss. néerlandaises*), chacune des grandes îles de la Sonde possède en propre une de ces espèces.

Série d'individus : la plupart des envois de M. Leschenault, en 1807 et 1808, et de M. Diard, en 1821. Tous ceux dont l'origine est connue avec certitude, viennent de Java.

Ces divers individus sont bien de même espèce; c'est par erreur que M. Desmoulins a distingué spécifiquement (*loc. cit.*) la *Guenon maure de Diard* et la *Guenon maure de Leschenault*, qui différeraient, selon lui, par le nombre de leurs vertèbres. Ce zoologiste avait eu sous les yeux deux squelettes de Semnopithèque nègre : l'un bien préparé, l'autre formé de portions empruntées à des sujets différents. De là une erreur que nous avons constatée par la comparaison des pièces originales.

Parmi eux :

☐ De Java, par M. Leschenault. Tout jeune, et entièrement d'un jaune plus ou moins doré en dessus.

♂ Même origine. Un peu plus âgé; encore jaune, mais avec les quatre mains noires et le dessus de la tête noirâtre.

☐ De Java, par M. Diard, sous le nom de *Loutou*. Un peu plus âgé encore; déjà presque tout noir, mais avec la base des poils jaune et la queue à moitié jaune.

☐ De Java. Donné par M. Édouard Verreaux en 1832. Un peu plus âgé encore; extérieurement semblable à l'adulte, mais la base des poils jaune.

10. S. à cuisses rayées. *S. femoralis*. De Bornéo. De Sumatra?

> *S. maura.* . . . . Raffl., *loc. cit.*, 1821.
> *Semn. femoralis.* . . . . Horsf., *Append. to life of Raffl.*, 1830.

♂ De Bornéo. Acquis par la voie du commerce en 1842. Il paraît être l'*un des types* du *Semn. chrysomelas* de M. Sal. Muller (*Tijdschrift voor natuur. Geschiedenis*, t. V, 1838), quoiqu'il ne corresponde pas exactement à la description donnée par cet auteur.

11. S. doré. *S. auratus*. De Java? Des Moluques?

> Guenon dorée, *Cercopith. auratus.* . . . . Geoff. S.-H., 1812.
> Semn. doré. *Semn. auratus.* . . . . Desmoul., *loc. cit.*, 1825.

Faut-il rapporter à cette espèce, avec plusieurs auteurs, le Singe que M. Horsfield a décrit en 1824 (*Zool. Research. in Java*) sous le nom de *S. pyrrhus?* Ce dernier diffère à quelques égards, et est de Java. Le type de l'espèce, décrit par M. Geoffroy Saint-Hilaire, est dit des Moluques; cette origine toutefois est loin d'être certaine. L'un et l'autre seraient-ils des femelles d'espèces noires dans le sexe mâle?

♀ *Type de l'espèce*. Des Moluques d'après M. Temminck, auquel ce Singe a été échangé en 1812.

4° *Espèces ayant sur la tête de longs poils disposés en une crête ou huppe comprimée.*

12. S. couronné. *S. frontalus*. De Bornéo.

> *Semnop. frontatus.* . . . . . . S. Muller, *loc. cit.*; 1838.

♂ De Bornéo. Acquis en 1849.

13. S. DE SIAM. *S. siamensis.*   Du continent Indien.

      Semnop. siamensis. . . . . . . S. Mull.et Schleg., *loc. cit.* , 1841.

♂ ♀ Envoyés en 1832 par M. Diard de Java, mais avec d'autres objets provenant du continent. L'un d'eux a été conservé longtemps dans l'alcool et a jauni.

♀ Acquis en 1842. D'origine inconnue. Cet individu et l'un des précédents sont les types de notre *Semn. nigrimanus* (*Arch. du Mus.*, t. II). Nous avions été précédé par M. Muller dans la publication de l'espèce.

♀ De la presqu'île Malaise, par M. de Montigny, 1848. Très-jeune individu.

14. S. MITRÉ. *S. mitratus.*   De Java.

              Presbytis mitrata. . . . . . Esch., *loc. cit.*, 1821.
SEMNOPITHÈQUE CRRO (1), *Semnop. comatus.* . . . . Desm., *Mammal. Suppl.*, p. 533, 1822.
              Semnop. mitratus . . . . S. Mull. et Schleg., *loc. cit.*

C'est dans cette espèce, nommée par lui *Soulili*, que M. de Blainville a constaté l'absence du talon de la cinquième molaire inférieure.

♂ ♀ De Java. Envoyés par M. Diard, en mai 1821, sous le nom de *Soulili*. C'est sur ces individus que M. Desmarest a établi son *Semn. comatus :* c'est par erreur qu'il les dit de Sumatra.

○ De Java. Très-jeune individu acquis en 1832. La tête presque tout entière, les flancs et les quatre membres sont blancs.

15. S. AUX MAINS JAUNES. *S. flavimanus.*   De Sumatra.

S. AUX MAINS JAUNES, S. *flavimanus.* . . . . . . Is. Geoff., dans la *Centur. zool.* de Lesson, p. 109, 1830.

♀ *Type de l'espèce.* De Sumatra. De l'envoi de M. Duvaucel, sept. 1821.

♀ De Sumatra. De l'envoi de M. Diard, 1832.

16. S. A HUPPE NOIRE. *S. melalophos.*   De Sumatra.

     Simia melalophos. . . . . Raffl., *loc. cit.*, 1821.
CIMÉPAYE , *Semn. melalophos.* . . . . Fr. Cuv., *loc. cit.*, 1821.

M. Martin a émis l'opinion que le *Simia melalophos* de M. Raffles est notre *Semn. flavimanus*, et non l'espèce que tous les auteurs appellent aujourd'hui *Semn. melalophos*. Quelques mots de la description de Raffles, relatifs à la couleur du ventre (*nearly white*), pourraient en effet se rapporter au *Semn. flavimanus*. Mais, chez celui-ci, la huppe n'est pas noire, si ce n'est tout à fait en avant : sa couleur générale est le gris ou même le blanc sale; et il est hors de toute vraisemblance que Raffles ait appliqué à ce Singe l'épithète spécifique *melalophos*, destinée à rappeler le caractère suivant : *Crest on the head composed of black hairs.*

Nos individus viennent tous de Sumatra; collection de M. Duvaucel, septembre 1821.

17. S. ROUGE. *S. rubicundus.*   De Bornéo.

     S. rubicundus. . . . . S. Muller, *loc. cit.*, 1838.

♀ *Un des types de l'espèce.* De Bornéo. Envoyé par le Musée royal des Pays-Bas.

---

(1) C*rro*, par erreur, pour le nom de pays, C*roo*. M. Desmoulins a corrigé cette erreur, vraisemblablement typographique, par une erreur plus grave et qui dénature tout à fait le nom : il appelle cette espèce E*rro*.

Genre VI. — COLOBE. *COLOBUS.*

Ce genre, créé en 1811 par Illiger, est aujourd'hui généralement adopté. Le type est la *Guenon à camail* de Buffon (suppl. VII , p. 65), présentement *Colobus polycomos.* Cette espèce étant encore imparfaitement connue, nous citerons aussi comme type le *C. guereza*, Rupp., qui est voisin du précédent.

Hab. L'Afrique.

Esp. Peu nombreuses.

1° Espèces à poils très-longs sur une grande partie du corps.

1. C. à FOURRURE. *C. vellerosus.*   De l'Afrique occidentale.

Semnopith. à fourrure, *Semn. vellerosus.*	Is. Geoff., *Zool. du V'oy. de Bélang.*, 1830.
Colobus leucomerus. . . .	Ogilby, *Proceed. zool. Soc.*, p. 69, 1837.
Col. vellerosus.	Is. Geoff., *Dict. univ. d'hist. nat.*, art. Colobe, 1844 ; Schinz, *System Verzeich.*, 1844.

En établissant cette belle espèce d'après une peau mutilée et *sans mains*, nous l'avions considérée comme un Semnopithèque, en raison des analogies de son pelage avec celui du *Semn. nemœus.* M. Wesmael, qui avait eu à sa disposition un individu en bon état, en avait jugé comme nous, et l'avait décrit sous le nom de *Semn. bicolor* (dans le *Bull. de l'Acad. des Sc. de Bruxelles*, n° 6, 1835), en raison de l'état du pouce, moins rudimentaire que chez les autres Colobes. On s'accorde aujourd'hui à placer cette espèce parmi ces derniers.

  o *Type de l'espèce.* Peau mutilée, faisant partie des collections rapportées du Brésil par M. Delalande en 1816. Elle venait, d'après les renseignements recueillis par lui, de la côte occidentale d'Afrique.

2. C. GUÉRÉZA. *C. Guereza.*   D'Abyssinie.

Colobus Guereza. . . . . Rupp., *Neue Wirbelth von Abyss.*, p. 1, pl. 1; 1835

  ♂ D'Abyssinie. Envoi de MM. Quartin Dillon et Petit, 1840. On remarque chez cet individu, à l'une des mains, précisément à la place du pouce, un petit repli ou lobule cutané dans lequel on peut voir un vestige du doigt manquant.

  ♀ *L'un des types de l'espèce.* D'Abyssinie. Provenant du voyage de M. Ruppell.

2° Espèces à poils ras.

3. C. FULIGINEUX. *C. fuliginosus.*   De l'Afrique occidentale.

C. fuliginosus. . . . . . Ogilby, *Proceed. zool. Soc. of Lond.*, 1835, p. 97.

Selon les auteurs, le pouce antérieur manque et sa place est seulement indiquée par un petit tubercule sans ongle (*by a small nailless tubercle*). Le degré d'atrophie du pouce varie beaucoup. Deux de nos individus ont manifestement de petits ongles aux rudiments des pouces antérieurs.

  Série d'individus parmi lesquels :

  o *L'un des types de l'espèce.* De la Gambie. Donné par le Musée d'histoire naturelle de Lyon.

4. C. VRAI. *C. verus.*   D'Afrique, région indéterminée.

C. verus. . . . . Van Bened., *Bull. de l'Acad. des Sc. de Brux.*, t. V, p. 341, 1838.

Ce Colobe, vraiment tétradactyle, et à pelage d'un roux olivâtre, se distingue très-

c.   2

nettement de tous ses congénères par ses caractères de coloration. Mais c'est à tort qu'on lui a attribué des formes robustes et trapues, et qu'on l'a assimilé sous ce rapport aux Macaques, dont il a la couleur. L'unique individu connu de cette espèce ressemble aux autres Colobes par toutes les parties que la préparation n'a pas déformées.

♀ *Type de l'espèce.* D'Afrique, région indéterminée. Cédé au Muséum par le Musée d'histoire naturelle de Louvain, 1839.

Genre VII. — MIOPITHÈQUE. *MIOPITHECUS.*

Nous avons établi, il y a quelques années, ce genre (*Comptes rendus de l'Acad. des Sc.*, t. XV, p. 720 et 1037; 1842; et *Arch. du Mus.*, t. II, p. 549; 1843). Il ne renferme qu'une espèce confondue jusqu'alors parmi les Guenons ou Cercopithèques, dont elle diffère par sa tête toute globuleuse, la disposition des organes des sens et plusieurs modifications remarquables du système dentaire. (Voy. plus haut, p. 10.) Sa patrie n'est pas encore connue avec certitude.

1. M. TALAPOIN. *M. talapoin.* 					D'Afrique?

TALAPOIN		Buff., t. XIV; Daubenton, *ibid.*
			Simia talapoin.		Gm.
M. TALAPOIN, *M. talapoin.*		Is. Geoff., *locis cit.*

La Guenon couronnée, *Cercopithecus pileatus* des auteurs modernes (qui n'est pas la G. couronnée de Buffon, *S. pileata* Sh.), n'est qu'un Talapoin décoloré par l'alcool.

♂ (Ayant été conservé dans l'alcool et décoloré). *Type de l'espèce et du genre.*
C'est l'individu qui fut donné à Buffon sous le nom de *Talapoin*, malheureusement sans aucun renseignement sur son origine. Voy. t. XIV, pl. 40.
C'est à cet individu que se rattache le *Cercop. pileatus* des auteurs modernes, ci-dessus mentionné. C'est lui aussi que j'avais cru un instant pouvoir séparer des autres individus ci-après, comme constituant une seconde espèce; erreur presque aussitôt réparée que commise.

♀ ♀ ♂ Individus ayant vécu à la Ménagerie. Tous trois venus par la voie du commerce : nous ignorons leur habitat.

Genre VIII. — CERCOPITHÈQUE. *CERCOPITHECUS.*

Erxleben a désigné sous le nom de *Cercopithecus*, dans la nomenclature latine, les Guenons de Buffon, c'est-à-dire les *Singes de l'ancien continent, à longue queue.* Par la création successive des genres *Macacus, Colobus* Illig., *Nasalis* et *Cercocebus* Geoffr. S.-Hil., *Semnopithecus* Fr. Cuv. et *Miopithecus* Is. Geoffr., le groupe des Cercopithèques est devenu un genre naturel, fort riche encore en espèces, ayant pour type le Callitriche, et se distinguant bien par ses formes légères, mais non grêles; la queue longue ; les *pouces antérieurs bien développés;* la tête arrondie, mais dont le museau commence à s'avancer; les *abajoues amples;* la cinquième molaire inférieure *quadrituberculée* (1).

HAB. L'Afrique et cette portion méridionale et occidentale de l'Asie qui, immédiatement contiguë à l'Afrique, en est, pour la zoologie géographique, une portion tout à fait inséparable.

ESP. Nous les diviserons en deux sections, dont la première un peu plus voisine des Singes précédents ; la seconde, des genres qui vont suivre. Nous les subdiviserons en outre en petits groupes d'après le système de coloration.

(1) C'est le seul genre, parmi les Cynopithéciens, qui présente ce caractère.

1° *Espèces à museau un peu plus court, à formes plus sveltes.*

Ces espèces, fort élégantes, ont le naturel plus calme et plus doux; elles sont plus petites que leurs congénères; la taille augmente de plus en plus, à partir des *Cerc. nictitans* et *petaurista* jusqu'au *Cerc. leucampyx*, aussi grand que la plupart des Singes de la seconde section.

A. *Espèces à nez velu et blanc.*

Deux espèces, très-élégantes et très-distinctes, sont seules bien connues dans ce petit groupe (1), le *C. nictitans*, noirâtre-tiqueté en dessus, noirâtre en dessous; et le *C. petaurista*, vert-olivâtre en dessus, blanc en dessous.

1. G. HOCHEUR. *C. nictitans.*   De Guinée.

Simia nictitans. . .	Lin. (d'après ses propres observations).
Cercop. nictitans. . .	Erxl.
GUENON A NEZ BLANC PROÉMINENT.	Buff., *Suppl.*, VII, pl. 18, p. 72.
HOCHEUR.	Audeb., fam. 4, sect. 1, fig. 2.

o (N° 30 de l'ancien Catalogue, en très-mauvais état). De Guinée. Original de la figure d'Audebert.

o Très-bel individu acquis en 1818, et dont la patrie est inconnue.

2. C. BLANC-NEZ. *C. petaurista.*   De Guinée.

BLANC-NEZ.	Allam. dans Buff, *Suppl.*, VII, p. 67.
Cerc. petaurista.	Erxleb.

♂ ♀ Individus ayant vécu à la Ménagerie. L'individu femelle est celui que M. Fr. Cuvier a décrit et figuré, *Hist. nat. des Mamm.*, 1821, sous le nom d'*Ascagne.*

B. *Espèces n'ayant ni le nez blanc ni une bande sourcilière blanche.*

3. C. MOUSTAC. *C. cephus.*   De l'Afrique occidentale.

Simia cephus.	Lin.
MOUSTAC.	Buff., XIV, pl. 39, p. 283.
Cerc. cephus.	Erxl.

Ce Singe, malgré le nom qu'on lui a donné, n'est pas le *Cephus* des anciens.

Série d'individus ayant pour la plupart vécu à la Ménagerie.

Parmi eux:

♂ Donné par M. Gannal.

4. C. MONOÏDE. *C. monoïdes.*   De l'Afrique. Côte occidentale?

CERCOP. MONOÏDE, *C. monoïdes.*	Is. Geoff., *Compt. rend. de l'Acad. des Sc.*, t. XV, p. 1038, 1842, et *Arch. du Mus.*, t. II, 1843.

Espèce voisine de la Mone, mais très-distincte par la couleur des parties inférieures, et l'absence des taches latérales blanches, caractéristiques de la Mone.

♀ *Type de l'espèce.* D'Afrique. Donné vivant par la princesse de Beau-vau. Cet individu, très-adulte lorsqu'il est arrivé à la Ménagerie et qui y a vécu très-longtemps encore, a été figuré dans la Coll. des vélins par M. Werner. Nous avons fait graver son dessin, *Archiv. du Mus.*, t. II, pl. 31.

(1) Deux autres seraient à ajouter, selon M. J. E. Gray, *Proceed. Soc. zool. of Lond.*, 1849 p. 7 et 8, pl. 2.

5. C. AUX LÈVRES BLANCHES. *C. labiatus.*   De l'Afrique australe.

C. AUX LÈVRES BLANCHES , *C. labiatus.* . . . . . . Is. Geoff., *locis. cit.*, 1842 et 1843.

Nous ignorions, lorsque nous l'avons décrit, la patrie de ce Cercopithèque, à pelage gris finement tiqueté, à lèvres blanches, à queue fauve ou fauve-blanchâtre en dessous dans une partie de sa longueur, et noire dans sa portion terminale. Nous avons su récemment que le *C. labiatus* est de l'Afrique australe.

  o *Type de l'espèce.* Acquis en **1840.**

  ♀ Du Port-Natal. Rapporté et donné par M. Édouard Verreaux. Très-semblable au précédent, mais avec la partie fauve de la queue d'une nuance plus pure et plus claire (fauve-blanchâtre au lieu de fauve-sale).

6. C. MONE. *C. mona.*   De l'Afrique occidentale:

MONE. . . . . Buff., t. XIV, p. 36, p. 262.
MONA. . . . . Le même, *Suppl.*, t. VII.
  Cerc. mona. . . . . Erxleb.

    Série d'individus, la plupart ayant vécu à la Ménagerie.

    En outre :

  ♂ Du Sénégal. Donné vivant en **1849** par M. Bertin-Duchâteau. Individu très-semblable aux autres par la coloration du corps, des membres de la queue, mais n'ayant point de vert à la tête. La calotte est formée de poils annelés de fauve et de noir; les longs poils des joues sont d'un fauve grisâtre. Est-ce une simple variété individuelle?

       C. Espèces ayant une bande frontale blanche.

7. C. DIANE. *C. diana.*   De Guinée et de Fernando-Po.

ENQUIMA , *C. barbatus guineensis.* . . . . Marcgr.
    Sim. diana. . . . . Lin.
    Cerc. diana. . . . . Erxl.

  o (N° 33 de l'ancien Catalogue). Ayant vécu à la Ménagerie du Stathouder. C'est l'original de la figure d'Audebert, fam. 4, sect. 2, pl. 6.

  o Individu incomplet. Origine inconnue.

8 C. A DIADÈME. *C. leucampyx.*   De Guinée.

DIANE. . . . . Fr. Cuv., *Hist. nat. des Mamm.*, 1824.
    S. leucampyx. . . . . J.-B. Fisch., 1829.
GUENON A DIADÈME , *Cercop. diadematus.* . . . . . Is. Geoff., *Zool. du Voyage de Bélanger*, 1830.
    Cercop. leucampyx . . . . . . L. Mart., 1841.

Cette espèce, très-bien caractérisée, avait été prise par M. Fr. Cuvier pour une simple variété de la Diane. M. Fischer et moi avons reconnu l'erreur commise et décrit l'espèce sous deux noms, rappelant l'un et l'autre le *diadème* ou croissant blanc que porte sur le front cette espèce. On doit adopter le nom de *Leucampyx*, publié un peu avant l'autre. Afin de prévenir toute confusion nouvelle, nous ferons remarquer que le *C. leucampyx* est noir en dessous; le *C. diana* a la gorge et la poitrine blanches. Une troisième espèce, le *C. Roloway,* encore fort mal connue et souvent confondue aussi avec la Diane, serait entièrement blanche en dessous.

  ♂ C'est l'individu qu'a figuré M. Fr. Cuvier sous le nom de Diane, et d'après lequel nous avions rétabli l'espèce. Il a longtemps vécu à la Ménagerie.

M. Fr. Cuvier a fait connaître cet individu dans l'état qu'il présentait à son arrivée, et dans son état complet de développement.

2° *Espèces à museau un peu plus long, à formes moins svelles.*

A. *Espèces à pelage vert ou teinté de vert.*

On les a quelquefois appelées Singes verts. Le Callitriche, qui est le type de ce groupe, a souvent été pris aussi pour type, soit des Cercopithèques en général, soit de la tribu des Cynopithéciens ou même de la famille tout entière des Singes.

La première espèce est bien plutôt grise que verte ; elle a seulement une légère teinte olivâtre sur le dos et les flancs. La dernière est d'un fauve-roussâtre à peine teinté de vert.

9. C. DELALANDE. *C. Lalandii.*   De l'Afrique australe.

	C. sabæus.	Thunberg, *Mém. de l'Acad. imp. de Saint-Pétersb.*, t. III, 1811.
GUENON NAINE DELALANDE.	*C. pusillus Delalande*	Desmoul., *Dict. class.*, art. GUENON, 1825.
CERCOP. DELALANDE	*C. Lalandii.*	Is. Geoff., *Dict. univ. d'hist. nat.*, art. CERCOPITHÈQUE, et *Arch. du Mus.*, t. II, 1843.

Cette espèce a été le sujet d'un grand nombre d'erreurs. D'une part on l'a confondue avec le *C. sabæus*, et surtout avec le *C. pygerythrus*, parce qu'elle a, comme celui-ci, l'anus entouré de poils ras d'un roux vif. D'un autre côté, M. Desmoulins a pris de très-jeunes individus pour des adultes : d'où le nom, aussi inexact qu'irrégulier dans sa composition, de *Cerc. pusillus Delalande*. Nous avons rectifié la caractéristique de l'espèce en lui conservant le nom du célèbre voyageur qui a tant enrichi le Muséum et la science.

     Série d'individus provenant des voyages de MM. Delalande et Verreaux. Parmi eux :

    ♂ De l'Afrique australe, par M. Jules Verreaux. Individu à l'aide duquel nous avons rectifié la détermination de l'espèce.

    ♂ ♀ ♀ *Types de l'espèce.* De Cafrerie par M. Delalande. Le plus grand de ces individus, cru adulte par Desmoulins, n'a que 55 centim. de long (la queue non comprise), tandis que l'adulte a près d'un demi-mètre.

    ♀ Donné par M. Éd. Verreaux. Il est plus jeune encore que les précédents, et revêtu du poil du premier âge.

10. C. VERVET. *C. pygerythrus.*   De l'Afrique, région encore indéterminée (1).

VERVET.	*Sim. pygerythra.*	Fr. Cuv., *Hist. nat. des Mamm.*, 1821.
GUENON VERVET,	*C. pygerythraus.*	Desmar., *Mammal.*, *Suppl.*, 1822.
GUENON VERVET,	*Cerc. pygerythrus* (2).	Geoff. S.-H., *Cours sur les Mamm.*, 1828.

La caractéristique de ce Singe a été mélangée de traits empruntés à l'espèce précédente. Voici la caractéristique prise sur l'individu type :

Une bande blanche au-devant du front ; pelage d'un vert-jaunâtre tiqueté de noir sur la tête, le dos, les épaules, les flancs et le dessus de la queue ; gris sur la face externe des membres. Parties inférieures du corps et de la queue, et partie interne des membres, blanches ; la face, le *menton (les poils aussi bien que la peau)*, les *quatre mains*

---

(1) Du Cap de Bonne-Espérance, disent tous les auteurs. C'est une erreur provenant de la confusion faite entre ce Singe et le précédent.

(2) *Pygerythrus* n'est pas moins régulièrement formé que *Pygerythraus* : on écrivait ἐρυθρός aussi bien qu'ἐρυθραῖος.

dans leur totalité, le bout de la queue noirs; *tour de l'anus d'un roux vif;* scrotum *vert.*

♂ *Type de l'espèce.* A vécu à la Ménagerie. Figuré par M. Fr. Cuvier, *loc. cit.*.

11. C. MALBROUCK. *C. cynosurus.*   De l'Afrique occidentale.

MALBROUCK.	Buff., t. XIV, p. 240, pl. 29.
Sim. cynosuros.	Scopol., *Delic. fl. et faun. insubr.*, pl. 19; 1786.
MALBROUCK, *Cercop. cynosurus.*	Geoff. S.-H., *Tabl. des Quadrum.*, 1812.

Cette espèce, voisine du Vervet par sa coloration (même, quoi qu'on en ait dit, par l'existence de poils roux à l'anus), mais plus lavée de jaune, à *menton blanc* (mais avec la peau noire), à scrotum d'un *bleu lapis*, se voit fréquemment dans les ménageries, ainsi que l'une des suivantes.

Série d'individus ayant vécu à la Ménagerie. Parmi eux :

♂ ♂ Peints d'après le vivant pour la Collection des vélins, l'un par M. De Wailly, l'autre (à mains plus noires qu'à l'ordinaire) par M. Huet. Le sujet de la planche de M. Fr. Cuvier est le même individu qu'avait figuré M. Huet. Toutes ces figures sont trop teintées de vert.

12. C. GRIVET. *C. sabæus.*

S. sabæa.	Lin.
GRIVET.	Fr. Cuv., *loc. cit.*, 1819.
Cercop. sabæus.	Is. Geoff., *Compt. rend. de l'Ac. des Sc.*, p. 874, 1850.

Espèce fort élégante, à longs poils blancs dirigés en arrière sur les côtés de la tête, à parties inférieures blanches (y compris le menton), *sans poils roux autour de l'anus,* à scrotum vert. M. Fr. Cuvier, qui a décrit cette espèce sous le nom de *Grivet,* et tous les auteurs l'ont crue nouvelle, et l'ont désignée dans la nomenclature latine, soit sous le nom de *Cerc. griseo-viridis* Desmar., soit sous celui de *Cerc. griseus* Fr. Cuvier. Nous avons récemment reconnu dans le Grivet le *S. sabæa* de Linné, espèce dont on avait généralement transporté le nom au Callitriche de Buffon. La description très-précise de Linné ne laisse pas de doute, non plus que la citation qu'il fait de l'Égypte comme patrie de l'espèce, et le nom même de *Sabæus,* Singe de Saba, qui convient si bien au Grivet et si mal au Callitriche.

Série d'individus parmi lesquels ;

♂ ○ ♂ ♀ Des bords du Nil Blanc, par M. d'Arnaud, 1843.

○ Des bords du Nil Blanc, par M. Sabatier, 1843.

♂ ○ ♀ D'Abyssinie, par MM. Petit et Quartin-Dillon, 1840. Plus fortement teintés de vert que les précédents, l'un d'eux surtout; celui-ci a presque exactement la nuance du *Cerc. sabæus.* Le bout de la queue est lavé de jaunâtre.

♀ Âgé de 10 mois; il est né à la Ménagerie en 1840.

♂ Âgé de 3 mois; il est né à la Ménagerie en 1838. Figuré dans la Coll. des vélins, avec sa mère, par M. Werner, dont le dessin a été plusieurs fois gravé.

♂ (Conservé dans l'alcool). Âgé de 2 mois; il est né à la Ménagerie en 1837. C'était, pour le genre Cercopithèque, le premier exemple de reproduction en Europe.

12. C. ROUX-VERT. *C. rufo-viridis.*   D'Afrique, région indéterminée.

C. ROUX-VERT, *C. rufo-viridis*. . . . . Is. Geoff., *Compt. rendus de l'Acad. des Sc.*, t. XV,
                                        1842; *Dict. univ. et Arch. du Mus., locis. cit.*, 1843.

Nous ne connaissons encore qu'un seul individu de cette jolie espèce, voisine du Grivet, mais à flancs roux, caractère remarquable en ce qu'il résulte d'une différence dans la coloration, non-seulement des poils soyeux, qui sont plus lavés de roux, mais des poils laineux, qui sont *roux*, au lieu d'être *blancs* ou d'un *gris clair*. Il y a, à la base de la queue, quelques poils roux.

♀ *Type de l'espèce.* A vécu à la Ménagerie. Nous l'avons acquis de marchands qui ignoraient sa patrie. Peint par M. Werner d'après le vivant pour la Collection des vélins. Nous avons fait graver la figure, *Arch. du Mus.*, t. II, p. 32. Il est à remarquer que le coloriage laisse à désirer : dans l'original la couleur des parties latérales des membres passe peu à peu à celle des mains.

14. C. CALLITRICHE. *C. callithrichus* (1).   De l'Afrique occidentale.

CALLITRICHE. . . . . Buff., t. XIV.
        Cercop. sabæus. . . . . Les auteurs modernes.

Ayant restitué au Grivet le nom de *Sabæus*, nous croyons devoir adopter dans la nomenclature latine le nom que Buffon a donné, en français, à cette espèce, et qui est devenu vulgaire.

Série d'individus ayant vécu à la Ménagerie :
En outre :
♂ De Saint-Yago, archipel du Cap-Vert, par M. Delalande.

15. C. WERNER. *C. Werneri.*   D'Afrique, région indéterminée.

CERCOP. WERNER, *C. Werneri.* . . . . Is. Geoff., *Compt. rend. de l'Acad. des Sc.*, t. XXI,
                                        p. 874, 1850.

Espèce nouvelle, très-voisine des *C. sabæus* et *viridis*, mais où toutes les parties qui sont d'un gris vert chez le premier, d'un vert olivâtre chez le second, se trouvent d'un fauve-roux varié de noir, les poils étant colorés par grandes zones de ces deux couleurs. La différence de coloration est double : substitution du fauve-roux au verdâtre dans les zones claires; zones noires beaucoup plus étendues. Du reste, face noire, queue jaune à son extrémité et sur une partie de la face inférieure, comme chez le *C. callithrichus*, auquel ce Singe ressemble entièrement par la disposition de ses couleurs et par ses formes. Nous aurions hésité à le décrire comme une espèce distincte, si nous ne l'avions observé vivant, et si d'ailleurs le *C. callithrichus* ne nous était si bien connu dans tous ses âges. L'espèce est dédiée à M. Werner, qui a beaucoup contribué, aussi bien par ses observations propres que par ses beaux dessins, à éclaircir l'histoire si difficile de ce groupe de Cercopithèques.

♂ ♂ Nous ignorons malheureusement la patrie de ces individus que nous nous sommes procurés pour la Ménagerie par la voie du commerce. L'un d'eux a été figuré par M. Werner d'après le vivant pour la Collection des vélins. A l'époque où il fut peint, les poils de la partie antérieure et médiane de la tête s'écartaient à droite et à gauche : d'où résultait une

_____
(1) De καλλίθριξος, qui a de beaux cheveux, de beaux poils.

tache noire, résultant de la juxtaposition des zones noires des poils. Cette disposition s'est effacée plus tard.

B. *Espèces à pelage d'un roux vif.*

1. C. PATAS. C. *ruber.*   Du Sénégal.

PATAS A BANDEAU NOIR. . . . . Buff., t. XIV, pl. 25, p. 222.
        Sim. rubra.. . . . . Gm.
GUENON PATAS. . . . *Cerc. ruber.* . . . . Geoff. S.-H., *Tabl. des Quadr.*, 1812.

Série d'individus, pour la plupart provenant du Sénégal, et ayant vécu à la Ménagerie.

Parmi eux :

⚲ Donné en 1849 par M. Légonidec.

⚲ Donné en 1849 par M. Baudot.

En outre :

⚲ Mort à Paris dans la ménagerie particulière de M. Polito, qui en a fait don au Muséum.

2. C. A DOS ROUGE. C. *pyrrhonotus.*   De Nubie.

C. *pyrrhonotus.* . . . . Ehrenb., *Verhand. Gesellsch. natursch. Freunde*, t. 1, p. 183; 1829; Hempr. et Ehr., *Symb. phys.*, 1830.

Cette belle espèce, aussi rare que la précédente est commune, s'en distingue par le *nez en partie blanc* et par la couleur des épaules et de la face externe des bras, roux comme le corps.

⚲ Du nord de l'Afrique. Ce bel individu a vécu à la Ménagerie.

GENRE IX. — CERCOCÈBE. *CERCOCEBUS.*

Genre créé en 1812 par M. Geoffroy Saint-Hilaire, *Tableau des Quadrumanes*, et qui d'abord comprenait aussi quelques espèces du genre Macaque, il a été repris par nous en 1842 (*Comptes rend. de l'Ac. des Sc.*, t. XV, p. 1037, 1842); rétabli aussi et délimité tel que nous l'admettons, par M. Gray, *List of the Specimens of Mammalia*, 1843. Le *C. fuliginosus* et les espèces voisines forment un groupe intermédiaire aux *Cercopithecus*, dont ils ont encore les formes générales, et aux *Macacus*, dont ils ont le museau allongé, les bourrelets sus-orbitaires et la cinquième molaire inférieure pourvue d'un talon ou cinquième tubercule. Les Cercocèbes ressemblent aussi aux Macaques par la tuméfaction remarquable du pourtour de l'anus et de la vulve au temps du rut, et par leur extrême lasciveté.

SYNON. ÆTHIOPS. . . . . L. Martin, *loc. cit.*, p. 508; 1841.
    M. Lesson, dans son *Species des Mammif.*, Quadrumanes, p. 86 (1840), n'avait pas séparé génériquement, comme M. Martin, les espèces ci-après; mais il avait du moins établi pour elles parmi les Guenons ou Cercopithèques une section distincte nommée *Guenons-Macaques.* Au surplus, on pourrait dire que Daubenton avait lui-même créé cette section, puisqu'il avait donné en commun aux deux espèces généralement connues (V. *Hist. naturelle*, t. XIV, pl. 32 et 33) les noms de *Mangabey* proprement dit et de *Mangabey à collier blanc.*

HAB. L'Afrique.

ESP. Au nombre de trois.

1. C. A COLLIER. C. *collaris.*   D'Afrique. Côte occidentale?

MANGABEY A COLLIER BLANC. . . . . Buff., t. XIV, pl. 33.
        C. *collaris.* . . . . . . Gray, *loc. cit.*, p. 7, 1843.

Cette espèce est désignée par la plupart des auteurs sous le nom spécifique d'*Æthiops*, parce qu'on a cru, d'après Buffon lui-même, retrouver en elle la *Simia æthiops* de Linné. C'est une erreur qu'il importe d'autant plus de rectifier, qu'elle suppose au *C. collaris* une patrie qui paraît n'être nullement la sienne.

○ (N° 42 de l'ancien Catalogue). Calotte d'un roux foncé.

○ Ayant vécu à la Ménagerie. Semblable pour les couleurs au précédent.

○ Ayant vécu à la Ménagerie. Calotte brune, avec quelques poils roux; queue
blanche à l'extrémité.

○ (Conservé dans l'alcool). Ayant vécu à la Ménagerie. Calotte d'un roux
assez vif.

2. C. D'ÉTHIOPIE. *C. æthiops.*   D'Afrique. Région indéterminée.

      S. æthiops. . . . . Lin.

Généralement confondu avec les deux autres espèces : comme le précédent, il a une calotte (d'ailleurs *blanche en arrière*) ; comme le suivant, il a le derrière du col de même couleur que le dos.

○ Ayant vécu à la Ménagerie. Patrie inconnue. La tache de l'occiput est parfaitement marquée, et d'un blanc pur.

○ Individu existant depuis fort longtemps dans la Collection, et dont l'origine
est inconnue.

3. C. ENFUMÉ. *C. fuliginosus.*   De Guinée.

MANGABEY (sans collier). . . . . Buff., t. XIV, pl. 32.
CERCOCÈBE ENFUMÉ. . . . *C. fuliginosus.* . . . . Geoff. S.-H., *Tabl. des Quadr.*, 1812.
Le *Simia atys* Audebert n'est très-vraisemblablement qu'une variété albine de cette espèce. (V. plus bas.)

    Série d'individus ayant pour la plupart vécu à la Ménagerie.
    Parmi eux :

○ Cette femelle s'est reproduite en 1827 à la Ménagerie, mais a aussitôt dé-
voré la tête de son petit.

    Parmi les individus qui ne proviennent pas de la Ménagerie :

○ (Conservé dans l'alcool). Envoyé par M. Desjardins de l'île Maurice, d'où
l'on n'a d'ailleurs aucune raison de le croire originaire. Il est tout jeune,
mais parfaitement reconnaissable à ses membranes interdigitales, à ses
doigts et à ses paupières, de couleur très-claire, contrastant avec la couleur uniformément foncée du pelage.

○ Individu parfaitement albinos. Type du *Simia atys* Audeb., fam. 4, sect. 2,
pl. 8, *Cercopit.* ou *Cercoc. atys* des auteurs. Cet individu (n° 32 de
l'ancien Catalogue) faisait partie de la Collection du Stathouder, et il y
a tout lieu de penser que c'est l'individu autrefois possédé par Seba et
mentionné par lui sous le nom de *Grand Singe blanc.* Nous tenons
pour certain que cet albinos (rapporté au Macaque Rhésus par M. Ogilby)
est un Cercocèbe, et pour très-vraisemblable qu'il appartient à la dernière des trois espèces connues.

GENRE X. — MACAQUE. *MACACUS.*

Genre établi en 1795 par MM. Cuvier et Geoffroy Saint-Hilaire, dans leur célèbre mémoire sur les Singes, *Magaz. encyclop.*, *loc. cit.*, sous ce même nom de Macaque dans la nomenclature française, mais sous celui de *Pithecus* en latin. Le mot *Macaque* a été latinisé bientôt après par Lacépède, qui a nommé ce genre *Macaca* (*Tableau de classification*, 1799); forme à laquelle Desmarest, dans sa *Mammalogie*, a substitué celle qui a prévalu et est aujourd'hui très-généralement adoptée.

Le Magot a été souvent compris dans ce genre. Nous l'adoptons ici tel qu'il a été créé.

SYNON. MACAQUE. . *Cynocephalus*. . . . . . . Latreille, *Singes*, 1800.
CYNOPITHÈQUE. . . . . Blainv., *Ostéographie*, 1839.
Pithex. . . . . Hodgson, *Journ. of asiat Soc. of Bengal*, 1840.

HAB. Les régions chaudes de l'Asie, l'île Maurice.

ESP. Nombreuses et divisibles en trois sections.

1° *Espèces à longue queue.*

La queue forme près de la moitié de la longueur totale ou même davantage, comme chez les Cercopithèques et les Cercocèbes.

A. *Espèces à longs poils divergents sur la tête.*

Les poils de tout le dessus de la tête rayonnent autour d'un centre commun.

1. M. BONNET-CHINOIS. *M. sinicus.* De l'Inde; de l'île Maurice (1).

BONNET CHINOIS. . . . . Buff., t. XIV, pl. 30.
Simia sinica . . . . Lin.

Mais non *Macacus sinicus* de Geoffroy Saint-Hilaire et de la plupa t des auteurs modernes. Il se présente ici une difficulté de synonymie qu'il importe d'éclaircir.

Dans le petit groupe des espèces à poils divergents sur la tête, il existe deux espèces, toutes deux connues de Buffon, mais depuis confondues entre elles. M. Geoffroy Saint-Hilaire les a le premier distinguées d'une manière précise. L'une, extrêmement commune, est d'un brun-verdâtre très-terne en dessus; la seconde, assez rare, d'un brun-roux assez vif et tirant même plus ou moins sur le jaune-doré. La première est très-certainement le *Bonnet-chinois* de Buffon, *Simia sinica* Lin., *Cercopith. sinicus* d'Erxleben, qui la qualifie de *pallidè cinereo-fusca*. La seconde est non moins certainement la *Guenon couronnée* de Buffon, *Simia pileata* de Shaw (mais non des auteurs modernes); car Buffon mentionne ses teintes d'un jaune foncé, sa huppe formée de poils en partie d'un jaune doré, etc. Malheureusement celle-ci, ayant été, malgré sa rareté, retrouvée et déterminée avant l'autre par M. Geoffroy Saint-Hilaire, a été considérée comme le Bonnet-chinois, espèce très-mal caractérisée dans une première description de Buffon; et l'espèce commune, quand elle a été distinguée de la précédente, a été décrite comme espèce nouvelle sous le nom de Macaque toque, *Macacus radiatus*.

Depuis, la plupart des auteurs ont adopté la nomenclature de M. Geoffroy Saint-Hilaire; d'autres ont rendu son nom au Bonnet-chinois de Buffon et transporté à l'autre espèce le nom de Macaque toque. Après quelque hésitation, nous avons cru devoir, comme ces derniers, rendre à l'espèce commune *d'un brun-ver-dâtre terne* le nom de Bonnet-chinois; mais nous n'avons pu admettre la transposition du nom de Macaque toque à l'espèce rare, *d'un brun-roux vif et plus ou moins doré*: nous reprenons aussi pour elle le nom de Buffon, c'est-à-dire le nom spécifique de Couronné, que Shaw a traduit par *pileatus* dans la nomenclature latine.

Série d'individus, la plupart ayant vécu à la Ménagerie.

Parmi eux :

♂ Donné en 1801 par madame Regnault de Saint-Jean-d'Angely. Type du Macaque toque, *Macacus radiatus*, Geoff. S.-Hil.

♂ Né et mort à la Ménagerie en 1837.

De plus :

♀ De l'île Maurice. Donné par M. l'abbé Bascou.

♀ De l'Inde, côte de Coromandel, par MM. Eydoux et Souleyet, expédition de *la Bonite*.

(1) L'espèce, vraisemblablement importée à une époque récente dans cette île, y est rare. Un autre Macaque y est au contraire très-commun. V. p. 29.

⚥ (Conservé dans l'alcool). Même origine.

2. M. COURONNÉ. M. pileatus. De l'Inde (?).

GUENON COURONNÉE. . . . . Buff. Suppl., t. VII, p. 71, pl. 16.
             Simia pileata.. . . . . Sb.

Outre les difficultés de synonymie qui viennent d'être signalées, il en est ici d'autres sur lesquelles il importe aussi de fixer l'attention : le *Cercop. pileatus* des auteurs modernes n'est point le *Simia pileata* de Sb. (V. plus. haut, p. 18.)

Trois individus :

♂ Donné par le Musée d'histoire naturelle de Lyon.

♂ (Nᵒ 47 de l'ancien Catalogue). Type du *Mac. sinicus*, Geoff. S.-H.

⚥ Acquis par la voie du commerce avec divers animaux de l'Afrique septentrionale. On le disait aussi originaire de cette région; mais nous ne saurions attacher aucune valeur à cette indication.

    B. *Espèces sans longs poils divergents sur la tête.*

Il existe parfois chez la première de ces espèces, en avant et sur la ligne médiane,
un bouquet de poils relevés formant une sorte de huppe ou crête, mais celle-ci très-
peu développée et n'offrant rien de comparable à la disposition très-caractéristique du
premier groupe.

Nous ne doutons pas qu'il n'y ait un jour à placer ici plusieurs espèces, les unes du
continent, les autres de l'archipel Indien, qui restent encore confondues avec le *Macacus cynomolgus*, si commun dans toutes les collections et dans toutes les ménageries.
Nous séparons, d'après nos précédents travaux, deux de ces espèces, le *Macacus
aureus* et le *M. philippinensis*. Nous plaçons tous les autres Macaques de ce groupe à
la suite du *M. cynomolgus* en les distinguant d'après les variétés de leur pelage, variétés dont plusieurs sont dues sans nul doute à un long séjour en captivité.

3. M. ROUX-DORÉ. M. aureus. De l'Inde continentale et de Sumatra.

MAC. ROUX-DORÉ, *Mac. aureus.* . . . . Is. Geoff., Zool. du Voy. de Bélang., 1830.

Espèce distincte par son pelage d'un fauve roux, composé de poils onduleux et striés,
et par ses membres d'un gris clair à leur face externe, et par de longs poils couvrant les
joues et même les parties latérales de la tête. La couleur de la face n'est pas connue.

♂ *L'un des types de l'espèce.* Du Bengale, par M. Leschenault, 1822.
♀ *L'un des types.* De Sumatra, par M. Duvaucel, septembre 1821.
♂ Acquis en 1842. On le dit venir de l'une des îles de la Sonde.
♂ ♀ Envoyés en 1848 par M. de Montigny, avec d'autres animaux dont la
plupart provenaient de la presqu'île Malaise. Faute d'intermédiaires entre
ces individus, très-jeunes, et les précédents, il nous reste quelque doute
sur leur identité spécifique.

4. M. ORDINAIRE. M. cynomolgus. De l'Asie orientale, particulièrement des
îles de la Sonde. De l'île Maurice?

MACAQUE et AIGRETTE. . . . . Buff., t. XIV, pl. 20 et 21.
MAC. ORDINAIRE. . . M. *cynomolgus.* . . . . . . Desmar., Mammal., 1820.

Tous les auteurs s'accordent à nommer ainsi cette espèce sans qu'il y ait aucune raison d'affirmer son identité avec le *Sim. cynomolgus* de Linné, trop succinctement indiqué pour être déterminable.

Dans son état ordinaire, cette espèce a le pelage assez court, olivâtre tiqueté de noir, les membres un peu plus grisâtres que le dessus du corps et de la tête; la queue noirâtre en dessus, cendrée en dessous et vers la terminaison.

Un très-grand nombre d'individus, les uns appartenant incontestablement au *M. cynomolgus*, les autres spécifiquement douteux.

Nous grouperons ces individus d'après les différences de leur pelage.

a. Individus à *pelage ordinaire*.

♂ ♀ ♀ ♀ ♂. Ayant vécu à la Ménagerie. L'aigrette, qu'on avait supposée propre à la femelle, existe chez le premier de ces individus.

b. Individus semblables aux précédents, mais *plus pâles*.

Ils sont évidemment de même espèce que les précédents; ils ne diffèrent que par l'effet de la captivité et de l'étiolement.

♂ ♀ Ayant vécu à la Ménagerie. Tous deux ont l'aigrette.

c. Individus semblables aux premiers, mais plus foncés. Ils tirent sur le roux-noir, les poils étant annelés d'une couleur jaune plus intense et de noir. Si semblables d'ailleurs aux premiers, que l'on ne peut guère voir en eux qu'une variété mélanienne.

♂ ♀ Ayant vécu à la Ménagerie.

d. Jeunes individus semblables aux premiers, mais *plus lavés de roux*. Ces différences tiennent évidemment à l'âge. Quelques-uns de ces individus sont nés ,en captivité : leurs parents offraient les caractères plus haut indiqués.

♂ Né et mort à la Ménagerie en 1830.

♂ Tué sauvage. Acquis en 1840.

♂ Né dans une ménagerie particulière.

e. Tout jeunes individus, ayant la *tête noire ainsi qu'une partie du dessus du corps; la face de couleur claire*. Nous sommes encore certain, et par le même genre de preuves, que ce sont des jeunes de même espèce que les individus indiqués en premier lieu.

♀ Nouveau-né. Né à Paris dans une ménagerie particulière.

♀ ♀ ♀ (Conservés dans l'alcool).Nés à la Ménagerie. Morts en naissant ou peu après leur naissance.

Nous considérons comme certainement de même espèce les individus que nous venons d'indiquer; c'est à l'égard des suivants que commencent les difficultés, et elles sont très-grandes. Nous pensons qu'il y a lieu à la distinction, parmi ces individus, de deux espèces; mais les éléments nous manquent pour en tracer les caractères et les limites. De ces deux espèces, l'une pourrait être le *M. carbonarius* de M. Fr. Cuvier, *Hist. nat. des Mamm.*, 1825, espèce dont la description et la figure sont peu concordantes entre elles, et qu'il sera toujours pour le moins très-difficile de déterminer avec exactitude.

f. Individus *à poils assez longs, d'un gris olivâtre; queue grisâtre, avec le dessus noir vers l'origine; face noire ou très-foncée inférieurement; le tour des yeux clair.*

(1) On ne pourra même tirer aucune induction de l'origine attribuée à l'espèce par M. Fr. Cuvier. C'est sans motifs suffisants que ce zoologiste fait de Sumatra la patrie de son *M. carbonarius*.

De l'île Maurice. Rapporté vivant et donné à la Ménagerie par M. Anglès en 1836.

g. Tout jeunes individus ayant la *tête et le dessus du corps noirâtre; la face noire ou très-foncée inférieurement, avec le tour des yeux et les paupières de couleur claire.* Il est hors de doute que ce sont les jeunes de la variété précédente, qui se trouve ainsi connue à la fois à l'état adulte et dans le premier âge.

De l'île Maurice. Envoyé et donné par M. Desjardins : c'est un individu âgé d'un ou de quelques jours seulement. Très-différent, par la coloration de sa face et aussi de ses oreilles (de couleur foncée), des jeunes du même âge plus haut mentionnés.

h. Individu fort semblable au précédent, avec les *poils de la tête dorés.* Couleur de la face comme dans le précédent (?).

De Java par M. Diard, 1821; envoyé sous le nom de *Croé.* Le doute qui nous reste sur la coloration de la face, nous empêche seul de réunir dès à présent cet individu au précédent.

i. Individu d'un *gris sale.*

Même origine que le précédent; venu avec lui et sous le même nom. Les différences paraissent tenir au mauvais état du pelage, qui est comme usé à l'extrémité.

j. Individu fort semblable aux précédents, mais plus *verdâtre et à très-longs poils.*

Ayant vécu à la Ménagerie.

k. Individu à *pelage fortement lavé de roux; face noire inférieurement, tour des yeux clair.*

Rapporté vivant par MM. Eydoux et Souleyet, qui l'avaient acheté au Bengale. Figuré dans la relation du voyage de *la Bonite* sous le nom de *M. carbonarius* ou *aureus.* Il a bien la face noire du *M. carbonarius*, et il se rapproche du *M. aureus* par sa couleur; mais le roux descend sur les flancs, qui sont gris chez le *M. aureus;* la queue est entièrement noire en dessus, et les poils du corps, presque droits (au lieu d'être onduleux), sont noirs à leur base et annelés seulement dans leur seconde moitié.

5. M. DES PHILIPPINES. *M. philippinensis.*   Des Philippines.

M. DES PHILIPPINES, *M. philippinensis.* . . . . . Is. Geoff., *Arch. du Mus.*, t. II, 1843.

Type de l'espèce. Individu parfaitement albinos. A vécu à la Ménagerie; il avait été rapporté de Manille, et donné par M. Adolphe Chenest. Les poils sont autrement disposés que chez le *M. aureus.* La queue est plus longue que chez le *M. cynomolgus.* Figuré d'après le vivant par M. Werner dans la Collection des vélins, dessin reproduit *Archives du Mus.*, t. II, pl. 33.

2° *Espèces à queue courte.*

La queue forme ici le tiers au plus de la longueur totale, et le plus souvent beaucoup moins.

A. *Espèce à crinière, à pelage non tiqueté.*

6. M. Ouanderou. *M. silenus.* De Ceylan.

S. sil:nus.	Lin.
OUANDEROU.	Buff., t. XIV, pl. 18.
MAC. OUANDEROU, *M. silenus.*	Desmar., *Mammal.*, 1821.

M. Lesson (*Species*, 1840) fait de l'Ouanderou le type d'un sous-genre nommé *Silenus.*

♂ ♂ ♀ ♀. De Ceylan. Ayant vécu à la Ménagerie, et provenant des voyages de M. Dussumier.

B. *Espèces sans crinière, à pelage tiqueté.*

7. M. Rhésus. *M. erythræus.* Du continent de l'Inde.

MACAQUE A QUEUE COURTE.	Buff., Suppl., t. VII, pl. 13.
Sim. erythræa	Schreb.
RHÉSUS. . . . . . . Sim. rhesus.	Audeb., fam. 2, sect. 1, pl. 1.
M. RHÉSUS, *M. erythræus.*	Is. Geoff., art. MACAQUE du *Dict. class*, 1826, et *Zool.* du *Voy. de Bélang.*, 1830.

Cette espèce très-facile à distinguer du *Maimon* ou *Singe à queue de cochon* a pourtant été confondue avec lui par M. Fr. Cuvier, et à son exemple par plusieurs autres zoologistes. Outre la disposition particulière et la gracilité de la queue chez le Maimon, celui-ci a le dessus de la tête et la croupe noirs; rien de semblable chez le Rhésus.

♂ Du Bengale, par M. Duvaucel, 1825. Teintes plus pâles que chez les individus suivants.

♂ ♀ Ayant vécu à la Ménagerie.

♂ Agé de dix-huit mois, et déjà très-semblable aux individus adultes. Né et mort à la Ménagerie.

3° *Espèces à queue très-courte.*

8. M. Maimon. *M. nemestrinus.* De Sumatra.

SINGE A QUEUE DE COCHON (Pig-tailed).	Edw., *Glan. of nat. hist.*, t. I, p. 8, pl. 214 ; 1758.
MAIMON..	Buff., t. XIV, p. 186, pl. 19 (1).
BABOUIN A LONGUES JAMBES.	Le même, *Suppl.*, t. VII, pl. 8 (2).
Simia nemestrina. . . .	Lin.
MACAQUE BRUN.. . . . . *Mac. nemestrinus.* . . .	Desmar., *Manim.*, 1820.

Série d'individus ayant pour la plupart vécu à la Ménagerie.

Parmi eux :

♀ et ♂ La mère et l'enfant. La mère est morte en 1806, lors de la parturition.

En outre :

♂ De Sumatra, par M. Diard, 1821.

♂ (Conservé dans l'alcool). Agé d'un jour. Envoyé de Bruxelles, où il était né dans une ménagerie particulière. Très-semblable, par la coloration,

(1) Bonne figure de Maimon que l'on a prise pour une mauvaise figure de Rhésus.
(2) Nous restituons à la synonymie du Maimon, d'après M. Pucheran, le *Babouin à longues jambes* de Buffon, dont la figure représente un individu (jeune) de cette espèce. Les jeunes sont aussi légers et sveltes que les vieux sont lourds et trapus. Le Muséum possède un individu très-semblable à la figure de Buffon.

aux jeunes *M. cynomolgus* du même âge, malgré la différence considérable des deux espèces à l'état adulte.

9. M. à FACE ROUGE. *M. speciosus.*   Du Japon.

M. à FACE ROUGE, *M. speciosus.* . . . . Fr. Cuv., *Hist. nat. des Mamm.*, 1825.

Espèce remarquable par son pelage *très-fin*, *très-doux*, très-peu annelé, brun-verdâtre en dessus, que M. Fréd. Cuvier croyait indienne, mais qui, d'après M. Temminck, est propre au Japon.

o Du Japon. Envoyé par le Musée royal des Pays-Bas.

10. M. URSIN. *M. arctoides.*   De la Cochinchine.

M. URSIN, *M. arctoides.* . . . . Is. Geoff., *Zool. du Voy. de Bélanger*, 1830.

Espèce très-distincte des précédentes par ses longs poils plusieurs fois annelés de brun et de roux-clair, par l'extrème brièveté de sa queue, etc., et du *M. maurus* de M. Fr. Cuvier (d'après la caractéristique que lui assigne cet auteur) par la couleur noirâtre du nez, contrastant avec la couleur claire du reste de la face (1).

☿ *Type de l'espèce.* De la Cochinchine, par M. Diard, 1822.

GENRE XI. — MAGOT. *INUUS.*

Dans le genre Magot, tel qu'il a été établi en 1795 par MM. Cuvier et Geoffroy Saint-Hilaire (*Magasin encyclopédique*) sous le nom de Magot, *Cynocephalus*, tel qu'il a été ensuite admis par M. Geoffroy Saint-Hilaire, *Tableau des Quadrumanes*, sous le nom de Magot, *Inuus*, le vrai Magot se trouvait associé à d'autres Singes reportés depuis parmi les Cynocéphales et parmi les Macaques. Le genre Magot reste présentement formé par une seule espèce souvent considérée comme un Macaque, mais différant du genre précédent par l'absence de la queue, la conformation de la tête, les proportions, et nous pouvons ajouter, par le naturel. La distribution géographique est aussi différente.

SYNON. MAGOT, *Magus.* . . . . Lesson, *Manuel de mammal.*, 1827.

HAB. L'Afrique septentrionale et Gibraltar (2).

Le Magot est le seul Singe qui appartienne à la Faune européenne.

ESP. Unique.

1. M. PITHÈQUE. *I. pithecus.*   Du nord de l'Afrique et de Gibraltar.

MAGOT. Buff., t. XIV, pl. 7, 8 et 9, 1766.
PITHÈQUE. . . . . Le même, *ibid.*, p. 84, 1766; et *Suppl.*, t. VII, pl. 2, 3, 4 et 5, 1789.
    Simia inuus et *S. sylvanus.* . . . . . . Lin.; Erxleb.
    Sim. pithecus. . . . . Gm.

Ce Singe est le πίθηκος d'Aristote, le *Simia* (proprement dit) des auteurs latins.

Série d'individus du nord de l'Afrique, ayant vécu à la Ménagerie.

En outre :

☿ Donné par M. Bésancenot, 1850.

(1) Le *M. maurus*, établi seulement d'après une figure, est une espèce très-douteuse.
(2) Et aussi, d'après quelques auteurs, les montagnes de l'Andalousie et de Grenade. On n'a aucune raison de ne pas considérer le Magot comme autochthone à Gibraltar, et de recourir à l'hypothèse de Singes échappés qui se seraient reproduits sur ce point du continent européen. Il est bien d'autres espèces communes au nord de l'Afrique et au midi de la péninsule espagnole, et qui sont autant de témoins de l'antique réunion de ces deux régions.

GENRE XII. — CYNOPITHÈQUE. *CYNOPITHECUS* (1).

Nous avons établi ce genre dans la *Zoologie* du *Voyage de Bélanger*, p. 66, 1830, et dans nos *Leçons de mammalogie*, publiées par M. Gervais, p. 16, 1836 (2). Il a pour type un Singe d'abord placé parmi les Cynocéphales sous le nom de *Cynocephalus niger*, et que, dans notre premier travail, nous n'isolions encore que comme sous-genre. Par l'extrême allongement de leur museau, les Cynopithèques ressemblent en effet aux Cynocéphales; mais leurs narines, disposées comme chez les Macaques, les distinguent nettement de ceux-ci, chez lesquels le nez offre une conformation si caractéristique. La queue est nulle ou rudimentaire, comme chez le Magot.

HAB. L'archipel Indien.

ESP. Près de l'espèce type, *C. niger*, est venu se placer tout récemment un second Cynopithèque, *Cynopith. nigrescens*, décrit par M. Temminck, *Coup d'œil sur les possessions néerlandaises dans l'Inde*, t. III, p. 111, sous le nom de *Papio nigrescens*. Celui-ci a le pelage noir-brunâtre (au lieu de *noir intense*), et les callosités ischiatiques offrent une disposition différente.

Quant au *Cynopithecus speciosus*, seconde espèce du genre Cynopithèque selon Lesson, *Species*, p. 102, 1840, ce n'est point un Cynopithèque, mais un Macaque (le *M. speciosus*. V. plus haut, p. 31.).

1. C. NÈGRE. *C. niger*.　　　　　　　　　　　Des Moluques et des Philippines.

CYNOCÉPHALE NÈGRE, *Cynoceph. niger*. . . . . . . Desmar., *Mammal., Suppl.*, 1822.
CYNOPITHÈQUE NÈGRE. *Cynopith. niger*. . . . . . . Less., *Species*, 1840.

Quatre individus :

♀ *Type de l'espèce et du genre*. De Solo. Donné par M. Dussumier, qui se l'est procuré à Manille, où il avait vécu six ans.

♂ Ayant vécu à la Ménagerie.

♂ ♀ (L'un d'eux conservé dans l'alcool). De Célèbes, par MM. Quoy et Gaimard, première expédition de *l'Astrolabe*. Décrit et figuré dans la relation du voyage.

GENRE XIII. — THÉROPITHÈQUE. *THEROPITHECUS*.

Genre établi par nous, *Mémoire sur les Singes*, 1843 (dans les *Archiv. du Mus.*), pour le *Gelada* des Abyssins, Singe décrit d'abord comme un Macaque par M. Ruppell (*Neue Wirbelthiere von Abyssinien*, in-fol.), puis comme un Cynocéphale par M. Lesson (*Species des Mammif.*) et par plusieurs autres auteurs. En réalité le Gélada n'est ni un Macaque ni un Cynocéphale, mais un genre intermédiaire et très-distinct, comme le Cynopithèque, avec lequel on ne saurait non plus le confondre.

HAB. L'Afrique.

ESP. L'espèce type est toujours la seule connue.

1. TH. GÉLADA. *Th. Gelada*.　　　　　　　　　　　D'Abyssinie.

Macacus Gelada. . . . . Rupp., *loc. cit.*, p. 5. pl 2; 1835.
THÉROP. GÉLADA, *Therop. Gelada*. . . . . Is. Geoff., *Arch. du Mus., loc. cit.*, 1843.

(1) On a vu plus haut (p. 26) que M. de Blainville a transporté ce nom aux Macaques: *Ostéographie*, 1839.
(2) Voy. aussi *Mémoire sur les Singes*, dans les *Arch. du Muséum*, t. II, 1843.

L'un des types de l'espèce et du genre. C'est l'un des individus rapportés d'Abyssinie par M. Ruppell.

Genre XIV. — CYNOCÉPHALE. *CYNOCEPHALUS.*

On a cité Brisson comme le fondateur de ce genre : il a en effet créé, dès 1756, dans le *Règne animal* (p. 213), un groupe qui a pour type le Cynocéphale des anciens, et qu'il nomme Cynocéphale, *Cynocephalus,* ou plutôt *Cercopithecus cynocephalus.* Mais le même auteur admet aussi (p. 192), un autre groupe nommé par lui Babouin, *Papio,* qui a aussi pour type un Cynocéphale, il est vrai, très-mal déterminé. Depuis, une partie des auteurs, à l'exemple de Buffon, ont adopté le second de ces noms, qui a été longtemps le plus usité; un très-grand nombre aussi le premier, qui a prévalu depuis trente ans.

Plusieurs auteurs divisent les Cynocéphales en deux genres correspondant aux deux sections qui seront tout à l'heure indiquées. M. Lesson sépare de plus, sous le nom d'*Hamadryas*, notre première espèce, unie pourtant avec les quatre suivantes par des rapports très-intimes.

SYNON. Babouin . . . . Buff., t. XIV, 1766.
        Papio. . . . . Ersleb., 1777.
   Babouin. . . . *Papio.* . . . . Cuv. et Geoff. S.-H., 1795.
   Babouin. . . . *Cynocephalus.* . . . . . Lacép., 1799.
   Chéropithèque , *Chæropithecus* . . . . . . Blainv., *Ostéographie*, 1839.

HAB. L'Afrique et l'extrémité méridionale et orientale de l'Asie.

ESP. Divisibles en deux sections très-distinctes par les proportions de la queue, présentant en outre quelques différences dans la conformation de la tête.

I. *Espèces à queue médiocrement longue.*

M. Cuvier a fait de cette section, dans le *Règne animal*, t. I, 1817, un sous-genre distinct sous le nom de Cynocéphale proprement dit, *Cynocephalus.*

M. Lesson, dans son *Species*, 1840, la subdivise en deux *tribus* : Sphinx et *Hamadryas*, sections comprises avec le genre précédent sous le nom de *Papio*, et avec tous les autres Singes à très-long museau (nos *Cynopithecus, Theropithecus* et *Cynocephalus*) sous le nom de *Cynocephalus.* Nous n'insistons pas sur cette nomenclature fort irrégulière.

1. C. HAMADRYAS. *C. hamadryas.*   D'Abyssinie, d'Égypte et d'Arabie.

Tartarin . . . . Bélon , *Portraits.*
   Simia hamadryas. . . . . Lin.
   Cyn. hamadryas. . . . . Desmar., *Mammal.*, 1820.

  Cinq individus :

♂ A vécu dans une ménagerie particulière. Il a la face rasée. Plusieurs fois figuré.

♂ D'Abyssinie. Ce magnifique individu, acquis par le Muséum en 1850, faisait partie des collections de MM. Arnaud et Vaissière.

♂ ♀ D'Abyssinie. Ont vécu en 1839 et 1840 à la Ménagerie, à laquelle ils avaient été envoyés par M. Botta. Le jeune, au lieu d'être, comme les adultes, d'un cendré tiqueté, est très-lavé de fauve. La crinière n'existe pas encore.

c.   3

♂ D'Abyssinie. A vécu en 1840 à la Ménagerie, à laquelle il avait été envoyé par M. le docteur Petit. Plus jeune que le précédent; brunâtre, avec les parties inférieures blanchâtres.

2. C. PAPION. *C. sphinx*.   Du Sénégal

GRAND PAPION . . . . Buff., t. XIV, p. 133, pl. 13.

Appelé par tous les auteurs *Cynoc.* ou *Papio sphinx*, sans qu'il y ait lieu de rapporter spécialement à cette espèce le *Sim sphinx* de Linné.

Série d'individus, la plupart ayant vécu à la Ménagerie. Ils étaient venus du Sénégal.

Nous mentionnerons en particulier :

♂ Agé de deux mois, né d'une femelle entièrement semblable à celle qui le porte ; cette femelle avait été couverte par un mâle semblable à elle, mais aussi par un *Cyn. porcarius*. Le petit est généralement noirâtre : il y a lieu de le croire métis des deux espèces.

La mère et l'enfant ont été peints par M. Werner d'après le vivant pour la Collection des vélins.

3. C. OLIVATRE. *C. olivaceus*.   De Nigritie.

Espèce nouvelle, distincte de la précédente par sa teinte générale d'un vert olivâtre, et par conséquent beaucoup plus foncée; ses poils, gris à leur base, sont colorés dans leur seconde moitié de longs anneaux noirs et jaunes, caractères qui rapprochent le *C. olivaceus* du Babouin. Il est très-distinct de celui-ci et paraît l'être de l'espèce ou variété dite Anubis (1) par la région inférieure du corps, colorée comme la supérieure (au lieu d'être blanche), ainsi que la plus grande partie des membres.

♂ De Guinée, golfe de Bénin. Rapporté vivant et donné à la Ménagerie en 1847 par M. Cabaret, lieutenant de vaisseau.

4. C. BABOUIN. *C. babuin*.   Du nord-est de l'Afrique.

PETIT PAPION (?) . . . . Buff., t. XIV, p. 133, pl. 14.
C. BABOUIN . . . *C. babuin*. . . . . Desmar., *Mammal.*, 1820.

Le nom de *C. babuin*, si barbare qu'il soit, est généralement adopté en raison de l'impossibilité d'appliquer au Babouin, du moins avec certitude, l'un des noms admis dans les anciens catalogues.

♂ Ayant vécu à la Ménagerie, à laquelle il avait été donné par M. le prince de Joinville. Figuré d'après le vivant par M. Werner pour la Collection des vélins. Nous avons fait graver le dessin dans les *Archives du Mus.*, t. II, pl. 34.

♀ Ayant vécu à la Ménagerie. C'est l'original de presque toutes les descriptions faites en France (mais non de celle de M. Fréd. Cuvier).

(1) L'Anubis est connu seulement par une description incomplète et une figure qui ne concordent pas exactement entre elles : nous ne saurions nous prononcer avec certitude à son égard. De là une difficulté grave, relativement à la détermination du *Cyn. olivaceus*. Nous nous croyons très-fondé à distinguer ce Singe du *C. sphinx*, si bien connu dans tous ses âges; mais nous sommes loin de pouvoir être aussi affirmatif à l'égard du *C. anubis*. Le *Cyn. olivaceus* est une de ces espèces dont nous eussions renvoyé la publication à une époque ultérieure, si nous n'avions dû faire connaître dans ce Catalogue la collection tout entière.

5. C. CHACMA. *C. porcarius.*   De l'Afrique australe.

> *Sim. porcaria.* . . . . Bodd.; Schreb.
> C. CHACMA, *C. porcarius.* . . . . Desmar., *Mammal.*, 1820.

Plusieurs auteurs donnent à cette espèce le nom d'*ursinus*, lui rapportant le *S. ursina* de Pennant.

> Série d'individus parmi lesquels :
>
> ♂ Individu de très-grande taille; sa tête seule mesure trente-trois centimètres. Il existe depuis longtemps au Muséum; son origine est inconnue.
>
> ♂ ♂ ♂ Du Cap de Bonne-Espérance par M. Delalande, 1820. Ils viennent du pays des Hottentots, où l'espèce porte le nom de *Choakma.*
>
> ♀ A vécu plusieurs années à la Ménagerie. Il avait été rapporté du Cap de Bonne-Espérance en 1804 par MM. Péron et Lesueur, expédition de la corvette *le Géographe.*
>
> ♂ A vécu à la Ménagerie. Rapporté du Cap de Bonne-Espérance en 1836 et donné par M. le prince de Joinville. Les parties inférieures et les joues sont revêtues de poils blancs ou gris, dont on ne trouve guère que de simples vestiges chez les autres individus.

II. *Espèces à queue très-courte.*

M. Cuvier (*loc. cit.*) a fait de cette section, sous le nom de MANDRILL, un sous-genre pour lequel M. Lesson (*loc. cit.*) a proposé le nom latin de *Mormon.*

6. C. DRILL. *C. leucophæus.*   D'Afrique.

> DRILL.. . . . *Simia leucophæa.* . . . . Fr. Cuv., *Ann. du Mus.*, t. IX, 1807.
> CYN. DRILL, *Cyn. leucophæus.* . . . . Desmar., *Mammal.*, 1820.

> ♂ *L'un des types de l'espèce.* A vécu à la Ménagerie. C'est l'individu figuré par M. Fr. Cuvier dans son ouvrage sur la Ménagerie du Muséum.
>
> ♀ ♂ Ont vécu à la Ménagerie.

7. C. MANDRILL. *C. mormon.*   De Guinée.

> Série d'individus, la plupart ayant vécu à la Ménagerie.
> En outre :
>
> ♂ Magnifique individu mort à Paris, dans la ménagerie particulière de M. Polito, qui en a fait don au Muséum.
>
> ♂ Du Gabon. Donné par M. de Castelnau, 1851 (1). Très-jeune individu, généralement d'un brun sale en dessus et sur la face externe des membres. Le dessous du corps clair. La gorge est déjà d'un jaune vif, et le dessus de la tête d'un brun olivâtre tiqueté. Trois sillons déjà très-marqués sur chaque joue. Ce singe, que M. de Castelnau a possédé vivant à Bahia, marchait très-fréquemment sur les deux pieds de derrière.

(1) Donné au moment même où nous corrigeons les épreuves de cette feuille.

IIIe TRIBU. — LES CÉBIENS. *CEBINA.*

Cette tribu correspond aux SAPAJOUS de Buffon et aux *Cebi* d'Erxleben, plus les Sakis; aux *Hélopithèques* et *Géopithèques* de M. Geoffroy-Saint-Hilaire. Presque aussi étendue que la précédente, elle se divise très-naturellement en deux sections.

La première, qui comprend les *Sapajous* de Buffon, a les *incisives verticales;* la *queue est toujours plus ou moins prenante.* Un assez grand nombre de genres et un très-grand nombre d'espèces composent cette section, elle-même divisible en deux groupes principaux, selon que la queue, très-fortement prenante, est en partie nue et calleuse, ou que cet appendice, faiblement prenant, est entièrement velu.

La seconde, qui comprend deux genres rattachés par Buffon aux *Sagouins*, ont les *incisives obliques et proclives* (comme les incisives inférieures des Lémuridés) et la *queue complétement lâche.*

Tous ces genres s'éloignent de l'Homme et des premiers Singes, outre la forme et le nombre de leurs molaires, par l'imperfection des pouces antérieurs, tantôt rudimentaires, tantôt bien développés, *mais à peine opposables* (1), et par la disposition des narines. Deux des genres de la première section et les deux genres de la seconde section ont des caractères très-marqués d'infériorité, les uns dans la forme comprimée de leurs ongles, déjà comparables à ceux de divers Carnassiers et Rongeurs, les autres dans la disposition de leurs incisives.

SECTION I. — *Genres à incisives verticales.*

1° Queue très-faiblement prenante (2), sans callosités; ongles en gouttières.

	très-volumineuse, très-allongée; front assez développé. . . . SAÏMIRI. . . .	*Saimiris.*
Tête {	volumineuse, arrondie; front très-peu développé. . . . . . . NYCTIPITHÈQUE,	*Nyctipithecus.*
	petite, déprimée, face courte; front presque nul. . . . , . . CALLITRICHE. .	*Callithrix* (3).

2° Queue faiblement prenante, sans callosité; ongles en gouttières :
Un seul genre. . . . . SAJOU. . . . . *Cebus.*

(1) C'est d'après ce caractère que M. Ogilby avait cru devoir non-seulement séparer, mais *éloigner* les Singes américains des Singes de l'ancien monde : selon lui, ceux-ci et les Lémuridés composeraient seuls le groupe des *Quadrumana*; les Singes américains et le Cheiromys formeraient, avec une partie des Marsupiaux, celui des *Pedimana.* (V. *Magaz. of nat. History*, nouv. série, t. I, p. 449, 1837.) Cette classification n'a été admise par aucun zoologiste; mais il reste à M. Ogilby le mérite d'avoir plus insisté qu'on ne l'avait fait encore sur le caractère qui sert de base à sa classification. Du reste, il s'en faut de beaucoup que ce caractère n'eût été vu avant M. Ogilby, comme le croyait ce savant zoologiste, que par Azara dans trois cas isolés. L'état du pouce, à peine opposable, avait été signalé chez les Hapaliens par presque tous les auteurs français. Il l'avait été de plus chez un grand nombre de Cébiens, les Hurleurs, les Lagotriches, les Sajous, par nous-même dès 1829; *Dict. class.*, article SAPAJOUS, t. XV, p. 131 et 146.

(2) Elle s'enroule simplement autour du corps, sans que l'animal puisse s'en servir pour se suspendre ou pour amener à lui les objets voisins.

(3) Ce genre et les deux précédents sont encore si imparfaitement décrits dans la plupart des ouvrages, qu'il nous semble nécessaire d'ajouter ici l'indication de quelques autres caractères distinctifs. Nous renvoyons pour plus de détails à notre travail sur les *Mammifères de l'expédition de la Vénus*, 1843.

Genre *Saïmiris.* Yeux volumineux et très-rapprochés (au point qu'en arrière la cloison inter-orbitaire est seulement membraneuse); narines allongées, latérales, séparées par un large intervalle; incisives disposées en ligne droite (comme chez les premiers Singes de l'ancien monde); canines longues, carénées; entre la canine et l'incisive externe, à la mâchoire supérieure, un intervalle destiné à recevoir la canine inférieure; molaires à couronne médiocrement étendue; la dernière, à chaque mâchoire, très-petite.

Genre *Nyctipithecus.* Yeux énormes et très-rapprochés (la cloison inter-orbitaire partout osseuse); narines ovalaires, rapprochées l'une de l'autre, s'ouvrant obliquement sur les côtés et au-dessous du nez; incisives rangées sur une ligne courbe; canines longues, carénées; un intervalle entre les canines à la mâchoire supérieure; molaires à couronne peu étendue; la dernière, à chaque mâchoire, moins développée que les autres.

Genre *Callithrix.* Yeux assez volumineux; narines elliptiques, latérales, séparées par un large intervalle; toutes les dents en série continue et disposées en une demi-ellipse; canines courtes et épaisses; molaires très-larges; la dernière de chaque mâchoire bien développées.

3° Queue fortement prenante, en partie nue et calleuse; ongles en gouttières; gorge non renflée :

      Un seul genre (1). . . . . Atèle . . . . *Ateles.*

4° Queue fortement prenante, en partie nue et calleuse; ongles comprimés; gorge non renflée.

Pouces antérieurs { développés. . . . . Lagotriche. . . *Lagothrix.*

{ rudimentaires. . . . . Eriode . . . . *Eriodes.*

5° Queue fortement prenante, en partie nue et calleuse ; ongles en gouttières; gorge très-renflée.

      Un seul genre. . . . . Hurleur. . . . *Mycetes.*

Section II. — *Genres à incisives proclives.*

Queue non prenante { longue. . . . . Saki. . . . . *Pithecia.*

{ courte . . . . Brachyure. . . *Brachyurus.*

Genre XV. — SAIMIRI. *SAIMIRIS* (2).

Genre ayant pour type le Saïmiri de Buffon, *Simia sciurea* L., et établi par nous, *Leçons de Mammalogie*, résumé publié par M. Gervais, 1835, p. 19, et dans la *Zoologie* de l'*Expédition de la Vénus* (extrait dans les *Comptes rendus de l'Acad. des Scienc.*, t. XVI, p. 1151, 1843).

M. Cuvier, dans la seconde édition du *Règne animal*, t. I, p. 103, 1829, et d'après lui, et plus nettement, M. Voigt, *Thierreich*, 1831, avaient déjà établi sous ce même nom une section distincte pour le Saïmiri sciurin, seule espèce qui fût alors connue.

SYNON. Saimiri, *Pithesciurus*. . . . . Less., *Species des Mamm. bim. et quadr.*, 1840.

Chrysothrix. . . . . Wagn., *Arch. für Naturg.*, 1842, t. I, p. 357.

Hab. L'Amérique méridionale.

Esp. Quatre seulement sont connues. Elles sont fort difficiles à distinguer, en raison de l'existence de diverses variétés qui ne montrent qu'incomplétement les caractères de leur espèce.

1. S. sciurin. *S. sciureus*.   Du nord de l'Amérique méridionale.

Saimiri. . . . . Buff., t. XV, p. 65, pl. 10.

     Sim. sciurea . . . . Lin.

Saimiri sciurin, *Saimiris sciureus*. . . . . . . Is. Geoff., *Zool. de la Vénus* et *Compt. rend.*, *loc. cit.*; 1843.

    a. Var. à *dos olivâtre*, peu différent de la couleur générale du pelage.

♂ ♀ De Cayenne, par M. Poiteau, 1820.

♂ Ayant vécu à la Ménagerie.

♂ (Conservé dans l'alcool). De la Ménagerie, 1842.

♀ (Conservé dans l'alcool). De la Guyane, par M. Saint-Amand, 1850.

    b. A *dos plus roux.*

○ Du Brésil, province de Goyaz, par MM. de Castelnau et Em. Deville, envoi de 1845.

(1) Il a les pouces antérieurs rudimentaires, comme le genre Eriode dans le petit groupe suivant. On peut prévoir comme très-vraisemblable la découverte d'un autre genre voisin des Atèles, mais à pouces développés, à formes moins grêles, et qui serait à ceux-ci ce que les Lagotriches sont aux Eriodes, ou encore, parmi les Cynopithéciens, ce que les Semnopithèques sont aux Colobes.

(2) Et non *Saïmiri*, comme on l'a imprimé par erreur dans le résumé de mes leçons; j'ai adopté en latin la forme *Saimiris*, à l'exemple des mots *Indris*, *Loris*, etc.

c. A dos un peu plus lavé de noirâtre, les extrémités des poils étant noirs sur une plus grande étendue.

○ De Santa-Fé de Bogota.

d. A dos plus roux.

♂ ○ ○ Du Brésil, Santarem (Amazone), par MM. de Castelnau et E. Deville. Envoi de 1847.

2. S. A DOS BRULÉ. S. ustus. Du nord du Brésil.

SAIMIRI, variété. . . . . Geoff. S.-H., Tabl. des Quadrum., 1812.
SAIM. A DOS BRULÉ, Saim. ustus. . . . . Is. Geoff., locis cit., 1843, et Arch. du Mus., t. IV, p. 6, 1845.

♂ Type de l'espèce. Du voyage de M. Geoffroy Saint-Hilaire en Portugal, 1808. Figuré dans la Collection des vélins par M. Werner, dont nous avons fait graver le dessin, Archiv. du Muséum, t. IV, pl. 1.

♀ Du Brésil, Santarem, par MM. de Castelnau et E. Deville, envoi de 1847. Ressemble au précédent, outre la couleur du dos, par l'absence des favoris gris que l'on remarque dans l'espèce précédente; mais il présente aussi quelques différences.

3. S. ENTOMOPHAGE. S. entomophagus. Du Pérou et de la Bolivie.

Callithrix entomophagus. . . D'Orb., Atlas (1) de son Voyage, Mamm., pl. 4, 1836.
SAIM. ENTOMOPHAGE, Saim. entomophagus. . . . . Is. Geoff., locis cit., 1843 et 1845.

♂ ♂ Types de l'espèce. De la Bolivie, province de Guarayos, par M. d'Orbigny, envoi de 1834.

♂ ♂ Du Pérou, mission de Sarayacu, par MM. de Castelnau et E. Deville. Envoi de 1847.

GENRE XVI. — NYCTIPITHÈQUE. *NYCTIPITHECUS.*

Genre indiqué (2) en 1811 par M. de Humboldt dans ses *Observations de Zoologie*, t. I, p. 306, et établi quelques mois après par Illiger, qui lui assignait pour caractère distinctif le défaut de conques auditives (*auriculæ nullæ*). Le nom admis par MM. de Humboldt et Illiger tendant à consacrer une erreur (3), on s'accorde aujourd'hui à désigner ce genre sous le nom de *Nyctipithecus*, proposé en 1823 par Spix dans ses *Simiarum et Vespert. species novæ.*

SYNON. AOTE.. . . . . Humboldt, loc. cit., 1811.
Aotus. . . . . Illig., Prodr. Syst. Mammalium, p. 71, 1811.
NOCTHORE, Nocthora. . . . . Fr. Cuv., Hist. nat. des Mammif., 1824.
Aotes. . . . . Jard, Monk.; Synopsis, 1833.

HAB. L'Amérique méridionale et le sud de l'Amérique septentrionale.

ESP. Peu nombreuses. Le type est le Douroucouli, *Simia trivirgata* de M. de

---

(1) *Callithrix entomophagus*, dans l'*Atlas*; mais *Saimiris entomophagus* dans le texte, dont la rédaction est postérieure de plusieurs années à la gravure et à la publication de la planche. Il n'a paru qu'en 1847.

(2) Seulement indiqué, et c'est pourquoi M. de Humboldt, loc. cit., p. 357 et 358, a attribué la création de ce genre à Illiger et à M. Geoffroy Saint-Hilaire, lesquels au contraire lui donnent M. de Humboldt pour fondateur.

(3) L'erreur d'Illiger (et non de M. de Humboldt, qui avait dit seulement les oreilles extrêmement courtes) a été rectifiée dès 1812 par M. Geoffroy Saint-Hilaire dans son *Tableau des Quadrumanes.*

Humboldt, présentement *Nyct. trivirgatus*, espèce encore imparfaitement connue. Elle paraît ne pas avoir été revue depuis M. de Humboldt.

1. N. FÉLIN. *N. felinus*. De Bolivie.

SINGE DE NUIT A FACE DE CHAT, *N. felinus*. . . . . Spix, *Sim. et Vespert. sp. nov.*, 1823.

♀ De la Ménagerie, à laquelle il avait été donné par M. Fr. Cuvier. C'est l'individu figuré par ce zoologiste, *Mammif. de la Ménagerie*, 1824, sous le nom erroné de Douroucouli, *Nocthora trivirgata* (1).

o De Bolivie, province de Moxos, par M. d'Orbigny, envoi de 1834.

2. N. D'OSERY. *N. Oseryi*. Du Pérou (Haut-Amazone).

N. D'OSERY, *N. Oseryi*. . . . . Is. Geoff. et E. Dev., *Compt. rendu de l'Acad.*,
t. XXVII, p. 498, 1848.

Espèce intermédiaire entre le *N. felinus*, dont il a le pelage court, mais avec un autre système de coloration, et le *N. lemurinus* dont il a les courtes oreilles ; il est plus petit que celui-ci, à poils beaucoup plus courts, et de couleur différente ; les taches noires latérales de la face sont contournées en S.

♀ *Type de l'espèce.* Du Pérou, Haut-Amazone, par MM. de Castelnau et E. Deville, 1847. Dédié à la mémoire de M. d'Ozery, l'un des membres de l'expédition en Amérique, assassiné près de Jaen par les Indiens.

♀ Acquis en 1843. Même système de coloration ; la tête semblablement peinte ; la queue de même noire dans toute son étendue, sauf la base, qui est rousse en dessous. Mais le pelage plus gris sur les parties latérales.

3. N. LÉMURIN. *N. lemurinus*. De Colombie.

    Cinq individus, *types de l'espèce*.

♂♀ o De Colombie. Acquis en 1842 par les soins de M. Parzudaki.

o De Santa-Fé de Bogota. Provenant du voyage de M. Rieffer. Acquis en 1843.

♀ Même origine. Variété à pelage plus roux et plus pâle.

GENRE XVII. — CALLITRICHE. *CALLITHRIX*.

Genre créé par M. Geoffroy Saint-Hilaire en 1812 dans son *Tableau des Quadrumanes*, et auquel il a conservé le nom de *Callithrix*, précédemment appliqué par Erxleben à tous les Sajous de Buffon.

SYNON. SAGOUIN, *Saguinus* (2). . . . . Less., *Manuel de Mamm.*, 1827, et *Species*, 1840.

HAB. L'Amérique méridionale.

ESP. Le nombre des espèces de ce genre, très-restreint d'abord, s'est notablement accru dans ces derniers temps. Toutes se groupent fort naturellement autour des *Callithrix personatus* et *Moloch* que l'on doit considérer comme les types du genre.

---

(1) A l'exemple de M. Fr. Cuvier, tous les auteurs modernes ont décrit, sous le nom de *Nyct. trivirgatus*, le *N. felinus*, qui est très-distinct du Douroucouli, *Sim. trivirata* Humb.

(2) Ce nom aurait l'antériorité d'un grand nombre d'années, s'il était vrai, comme on l'a dit, qu'il fût dans la classification de Lacépède la dénomination générique des Callitriches. Mais le genre SAGOUIN, en latin *Sagouin* (et non *Saguinus*), de ce célèbre zoologiste n'est point le genre *Callithrix*. Il a pour type non un Callitriche (aucune espèce de ce genre n'était alors connue), mais l'Ouistiti ordinaire, *Hapale jacchus*, que Lacépède désigne sous le nom de *Sagouin jacchus*. (V. *Tableaux des divisions des Mammifères*, in-4°, Paris, an VII (1799). On trouve ces Tableaux réimprimés en l'an IX (1801) à la fin du troisième volume des *Mémoires de l'Institut*, Classe des Sciences.

1. C. A FRAISE. *C. amictus.* Du Brésil.

CALL. A FRAISE, *C. amictus*. . . . . Geoff. S.-H., *Tabl. des Quadrum.*, 1812.

Confondu à tort par quelques auteurs avec le *C. torquatus* de M. Hoffmansegg (*Magaz. der Gesellsch. naturforsch. Freunde* de Berlin, t. J, p. 86, 1807). Celui-ci a les parties inférieures rousses (*fuchsroth*), et le *C. amictus* les a noires comme le dessus du corps.

♂ *Type de l'espèce.* Du voyage de M. Geoffroy Saint-Hilaire en Portugal en 1808.

○ Acquis en 1849.

○ Acquis en 1843. Très-semblable aux précédents, seulement un peu moins de blanc à la gorge.

2. C. A MASQUE. *C. personatus.* Du Brésil.

C A MASQUE, *C. personatus*. . . . . Geoff. S.-H., *loc. cit.*, 1812.

○ Du Brésil. Rapporté et donné en 1820 par M. de Langsdorff, consul de Russie au Brésil.

○ Du Brésil, forêts vierges de l'embouchure du Rio Doce, par M. Auguste de Saint-Hilaire, 1822.

3. C. GIGO. *C. gigo.* Du Brésil.

SAGOUIN CHIGO, *C. gigot*. . . . . Spix, *Sim. et l'espert. brasil*, p. 22, pl. 16, 1823.

○ Du Brésil, village d'Obidos (Amazone). Du voyage de MM. de Castelnau et E. Deville; envoi de 1847.

La description de Spix est si imparfaite, sa figure si mauvaise, que nous ne rapportons pas sans quelque doute ce Singe au *C..gigo*. Chez notre individu, même distribution, avec des nuances beaucoup plus foncées, que chez le précédent; la tête est noire et non pas seulement le front; mais un certain nombre de poils tiquetés existant encore sur la tête indiquent que, dans le jeune âge, le front seul était noir.

4. C. AUX MAINS NOIRES. *C. melanochir.* Du Brésil.

C. melanochir. . . . . Pr. de Wied, *Abbildung*, 4ᵉ livrais., 1823.

♂ *L'un des types de l'espèce.* Du Brésil, d'où il a été rapporté par M. le prince de Wied.

○ Du Brésil, intérieur de la province de Bahia. Acquis en 1847. Dos beaucoup moins roux que dans l'individu précédent.

○ Acquis en 1849. On le dit de la Côte-Ferme (?). Peut-être spécifiquement différent; la queue est d'un roux assez vif.

5. C. DONACOPHILE. *C. donacophilus.* De Bolivie et du Pérou.

C. donacophilus. . . . . D'Orb., *Voyage, Mammif.*, pl 5, p. 10, 1836 et 1847.

Série d'individus parmi lesquels :

♀ ○ ○ *Types de l'espèce.* De Bolivie, province de Santa-Cruz de la Sierra, par M. d'Orbigny, 1834. L'individu figuré a les mains blanches; un autre les a grisâtres; un autre, en général plus lavé de roux, les a brunes.

c Rapporté aussi de Bolivie, mais de la province de Moxos, par M. d'Orbigny, 1834. Beaucoup plus roux; n'ayant de blanc qu'aux oreilles; queue foncée.

♂ Du Pérou. Acquis en 1830. Très-semblable au précédent.

6. C. DISCOLORE. *C. discolor.*   Du Pérou et du Brésil.

C. DISCOLORE,   *C. discolor.* . . . .   Is. Geoff. et Dev., *Compt. rend. de l'Acad.*, t. XXVII, p. 498, 1848.

Série d'individus dont un conservé dans l'alcool. *Types de l'espèce.* Tous des bords de l'Amazone, Pérou et Brésil, d'où ils ont été rapportés par MM. de Castelnau et E. Deville, 1847. Tous semblables entre eux, à l'exception des très-jeunes individus, qui sont plus roux en dessous.

♂ ○ De la mission de Sarayacu, par MM. de Castelnau et E. Deville, même envoi. Différents des autres individus de cette belle espèce par leur front d'un gris-clair tiqueté; l'un d'eux a les doigts en partie blanchâtres.

7. C. MOLOCH. *C. Moloch.*   Du Brésil.

Cebus Moloch. . . . .   Hoffmans., *Magas. der Gesell. naturf. Freunde* de Berlin, t. I, p. 97, 1807.
C. MOLOCH,   *Call. Moloch.* . . . .   Geoff. S.-H., *loc. cit.*, 1812.

Espèce voisine du précédent, mais à parties inférieures d'un roux cannelle et blanches, tandis que le *C. discolor* a le dessous et les mains de couleur *acajou.*

○ *L'un des types de l'espèce.* Du Brésil. Donné au Muséum par M. le comte de Hoffmansegg, 1808.

♂ Ayant vécu à la Ménagerie. Peint d'après le vivant pour la Collection des vélins par M. Werner, dont nous avons fait graver le dessin dans les *Archives du Muséum*, t. IV, pl. 3.

GENRE XVIII. — SAJOU. *CEBUS.*

Sous le nom de *Cebus*, Erxleben réunissait tous les Sapajous de Buffon. Par la création successive des genres *Mycetes*, Illig., *Ateles*, *Lagothrix* et *Callithrix*, Geoffroy S.-H., *Nyctipithecus*, Sp., *Eriodes* et *Saimiris*, Is. Geoff., les noms de Sajou ou Sapajou et *Cebus* se trouvent appartenir en propre à un genre très-considérable encore, mais très-naturel, qui a pour type le *Sajou brun* de Buffon, *Simia apella*, Lin. Ce sont en quelque sorte les Singes ordinaires du Nouveau-Monde, comme les espèces, très-nombreuses aussi, auxquelles est resté en propre le nom de *Cercopithecus*, sont les Singes ordinaires de l'ancien continent.

HAB. L'Amérique méridionale et le sud de l'Amérique septentrionale.

ESP. Nombreuses, et très-difficiles à distinguer, en raison des variétés qu'elles présentent non-seulement selon les lieux, mais selon les âges, les sexes et les circonstances individuelles. C'est à regret que nous nous sommes vu dans la nécessité de publier dès à présent quelques espèces sur l'existence desquelles il nous reste des doutes (1).

(1) C'est par cette raison que nous n'avons pas fait figurer quelques espèces décrites plus bas dans l'extrait de ce Catalogue que nous avons présenté, il y a quelques semaines, à l'Académie des sciences (*Comptes rendus*, t. XXI, p. 873).

La difficulté de distinguer ces espèces, le passage que certaines variétés semblent établir entre elles, ont conduit quelques auteurs à l'opinion qu'il pourrait bien n'exister qu'une seule espèce de Sajou. Cette opinion, qu'on a renouvelée dans ces derniers temps, mais sans l'appuyer de plus solides arguments, a été attribuée par M. Desmarest à M. Cuvier, qui, tout au contraire, l'a formellement rejetée dans deux de ses ouvrages. En réalité, les difficultés que l'on rencontre ici, se rencontrent très-généralement, comme nous l'avons montré ailleurs, dans les genres américains, non-seulement de la famille des Singes, mais de tous les ordres de Mammifères.

1. S. BRUN. *C. apella.* Du nord de l'Amérique mérid., principalement de la Guyane.

S. *apella.* . . . . :. . . . . Lin.
S. BRUN. Buff., XV, p. 37, pl. 4.
S. CORNU . . . . Le même, *Suppl.*, VII, 29, p. 110.

Cette espèce, la plus commune de toutes, et l'une de celles qui varient le plus, soit en captivité, soit même dans l'état sauvage, présente à l'état normal les caractères suivants : pelage brun-roussâtre, passant au brun-noir sur la ligne dorsale, la queue, les membres postérieurs, les avant-bras et les mains; dessus de la tête et favoris noirs ou noirâtres; bras d'un jaune-fauve ou jaune-grisâtre, contrastant avec la couleur foncée de l'avant-bras.

Le plus grand nombre des individus a une calotte noire sans disposition particulière; d'autres ont de plus, de chaque côté, sur le front, un *pinceau* de poils plus ou moins longs. C'est sur ces derniers qu'a été fondé le *Sajou cornu* de Buffon, *Cebus fatuellus* des auteurs.

Série d'individus que nous allons grouper selon les différences de leur pelage.

a. Individus à *pelage ordinaire, sans pinceau.*
♂ ♀ ♂ De la Guyane, par M. Poiteau, 1822.

b. Individus semblables aux précédents, mais *avec pinceau.*
♀ Même origine que les précédents. Pinceau long de 17 millim.
♀ (No 11 de l'ancien Catalogue; en très-mauvais état). Même pelage, sauf les différences tenant à la vétusté et au mode de préparation. Pinceau de 33 millim. Cet individu paraît être le type du *Sajou cornu* de Buffon; c'est du moins lui que tous les auteurs modernes ont décrit sous ce nom et sous celui de *Cebus fatuellus.*

c. Individus à couleurs semblablement disposées, mais *plus pâles.*
♂ Provenant de la Ménagerie, 1840. La décoloration s'est produite sous l'influence de la captivité; c'est un effet d'*étiolement.*

Les trois variétés auxquelles se rapportent les individus précédents sont certainement de même espèce; pour préciser davantage encore, ils appartiennent à une seule et même race permanente locale dont les deux premières variétés *a* et *b* sont des variétés normales d'âge (ou de saison?), et la troisième *c* une variété anomale, produite sous l'influence de circonstances particulières.

La détermination des variétés suivantes ne nous a pas paru pouvoir être faite avec la même certitude. Il y a des différences d'origine en même temps que de caractères.

d. Individus sans pinceau, ayant les *bras* et le dessus du corps d'un *roux doré.*

⚲ Du Brésil, Haut-Amazone, près Fonteboa. Par MM. de Castelnau et Deville; envoi de 1847.

e. Individus sans pinceau, de couleur *plus uniformément brune.*

♀ Même origine, mais des environs d'Ega (plus haut sur l'Amazone). Le pelage est assez uniformément brun; la tache du bras est seulement un peu plus claire que le dos et l'avant-bras.

⚲ Du Brésil, par M. Delalande, 1816. Assez uniformément brun; tache brachiale à peine indiquée.

⚲ De la Ménagerie, 1848. Assez uniformément brun en dessus et sur la face externe des membres, y compris les bras; flancs et dessous roux.

f. Individus *très-lavés de roux.*

⚲ De la Ménagerie, 1829. D'un roux tiqueté passant au roux-vif sur les flancs et en dessous; membres bruns; favoris d'un roux tiqueté; un toupet de poils d'un beau noir, presque comme chez le *C. cirrifer.* On voit que ce dernier individu commence à s'éloigner beaucoup du type du *C. apella.*

2. S. ROBUSTE. *C. robustus.* Du Brésil.

> *C. robustus.* . . . . Pr. de Wied; Kuhl, *Beitraege zur Zool.,* part. II, p. 35, 1820.

○ *L'un des types de l'espèce.* Du Brésil; provenant du voyage du prince de Wied-Neuwied. Cet individu est généralement d'un roux assez vif, avec les membres et la queue noirâtres; le bras est de même couleur que le dos; calotte noire, dont les poils vont pour la plupart de dehors en dedans et forment une sorte de *crête médiane.*

⚲ Du Brésil méridional, bords du Rio Doce, par M. Auguste de Saint-Hilaire, août 1822. D'un roux vif qui s'étend sur les bras; membres postérieurs et queue brunâtres; *occiput* et *crête médiane* (comme chez le précédent) brun-noir; le reste du devant de la tête roussâtre.

3. S. VARIÉ. *C. variegatus.* Du Brésil.

> S. VARIÉ, *C. variegatus.* . . . . Geoff. S.-H., *Tabl. des Quadrum.,* 1812.

Nous avons longtemps considéré comme une simple variété ce Singe, très-bizarre par sa coloration, et qui ne nous était connu que par le jeune individu, ayant vécu en captivité, sur lequel l'espèce a été établie. Nous avons acquis depuis plusieurs individus adultes qui, d'une part, sont venus confirmer l'existence de l'espèce, et, de l'autre, nous ont montré son identité avec le *C. xanthocephalus* de M. Spix. Dans son état adulte et normal, l'espèce se distingue par la couleur blanchâtre ou roussâtre du front et du dessus de la tête, et par la couleur des poils du dos, bruns à la racine, ensuite dorés dans une grande partie de leur étendue, puis noirs à la pointe. La portion noire se réduit souvent presque à rien dans la région lombaire, qui alors est dans son ensemble d'une couleur rousse ou paillée, assez vive, et contrastant avec le reste du pelage. La tache jaunâtre brachiale existe comme chez le *C. apella.*

○ *Type de l'espèce.* Du Brésil. Donné en 1810; il avait vécu en captivité. Quelques traces d'albinisme. Les poils de la région lombaire ont la pointe noire sur une plus grande étendue; d'où il résulte que les flancs sont variés de noir et de roux.

♂ De la Ménagerie, 1845.

♀ Du Brésil, intérieur de la province de Bahia; acquis en 1847. Les flancs sont d'un roux doré.

♀ Du Brésil, province de Bahia, acquis en 1850. Flancs d'un jaune doré, moins roux que chez le précédent.

♂ (Conservé dans l'alcool). A vécu à la Ménagerie, à laquelle il avait été donné par madame Merveilleux, 1844.

♂ De la Ménagerie, 1845. Paraît un individu de cette espèce modifié par la captivité. Membres postérieurs et queue noirs; flancs roussâtres; épaules et front blanc-grisâtre; collier noir.

♂ Acquis en 1828. Il avait longtemps vécu en captivité. Passant au blanc sur plusieurs parties du corps; poils des flancs colorés d'une manière analogue à celle qui caractérise le *C. variegatus*, mais la zone rousse était remplacée par une zone blanche.

4. S. a toupet. *C. cirrifer.*   Du Brésil. De la Guyane?

Sajou a toupet.   *C. cirrifer.* . . . . Geoff. Saint-Hil., loc. cit., 1812.

Espèce à toupet bifide, à pelage brun-châtain, à poitrine rousse ou roux-doré.

♂ *Type de l'espèce.* Du voyage de M. Geoffroy Saint-Hilaire en Portugal, en 1808.

♀ Acquis en 1850. On le dit venu de la Guyane. Même en faisant la part de la vétusté de l'individu précédent, cette femelle a la poitrine d'un roux-doré plus vif.

♂ De la Ménagerie, 1828. Individu mort en mauvais état, et dont la détermination reste incertaine.

5. S. a fourrure. *C. vellerosus.*   Du Brésil.

Très-singulière espèce, jusqu'à présent confondue avec le *Cirrifer*. Elle est couverte de très-longs poils bruns laineux, au milieu desquels sont épars quelques poils blancs plus longs encore et roides; le tour de la face blanc; chez l'adulte le toupet de poils noirs est divisé en deux larges pinceaux.

o o *Types de l'espèce.* Du Brésil, province de Saint-Paul. Acquis en 1826. De longs pinceaux sur le front chez l'adulte (35 millim.) Les pinceaux manquent chez le jeune, qui, en outre, est d'un brun moins intense.

♀ De la Ménagerie, à laquelle il avait été donné par madame Hemloke en 1845. Pelage plus foncé que les précédents et moins laineux; pinceaux très-larges et très-longs (40 millimètres).

6. S. coiffé. *C. frontatus.* De l'Amérique méridionale, région encore indéterminée.

C. frontatus. . . . . Kuhl, loc. cit., p. 34, 1820.
Sapajou coiffé,   *C. frontatus.* . . . . Desmar., Mammal., p. 32, 1820.

Voisin des deux précédents, mais noir en dessus et d'un gris-brunâtre sale en dessous, et sans l'encadrement blanc de la face. Le toupet offre, comme on va le voir, une disposition différente.

♂ ♂ *Types de l'espèce.* De la Ménagerie, 1819. Individus acquis ensemble, et ayant très-vraisemblablement la même origine. L'un d'eux a été spécialement déterminé par M. Kuhl comme type de cette espèce. Les poils sont relevés sur le front et le vertex, sans division en pinceaux.

♂ De la Ménagerie, 1839. Individu très-vieux, remarquable par son toupet, composé de poils noirs très-serrés et très-longs (35 millim.), sans division en pinceaux.

7. S. ÉLÉGANT. *C. elegans.* Du Brésil et du Pérou.

Espèce depuis assez longtemps connue, mais inédite, parce qu'on l'avait prise pour une variété décoloré du *C. cirriger.* Elle a aussi un toupet noir, comme dans l'espèce précédente, mais ordinairement divisé en deux parties par une sorte de gouttière médiane. La couleur noire de ce toupet contraste avec la *couleur généralement fauve* du pelage (d'un beau fauve doré ou d'un fauve grisâtre selon les individus). Membres et queue plus foncés que le corps; une barbe d'un roux doré, comme chez le *C. barbatus.*

○ *L'un des types de l'espèce.* Du Brésil, province de Goyaz, par M. Auguste Saint-Hilaire, 1822.

♂ *L'un des types de l'espèce.* Du Pérou, Haut-Amazone, par MM. de Castelnau et Deville. Envoi de 1847.

♂ De la Ménagerie, 1850. Dessus tirant un peu plus sur le cendré que chez les précédents; barbe plus dorée.

♀ De la Ménagerie, 1840. Un peu décoloré par l'effet de la captivité; calotte brune.

♂ (Conservé dans l'alcool). De la Ménagerie, 1845.

8. S. BARBU. *C. barbatus.* De la Guyane.

S. BARBU, *C. barbatus.* . . . . Geoff. S.-H., *loc. cit.*, 1812.

Une barbe d'un jaune doré, comme chez le précédent, mais le pelage presque uniformément fauve avec le front blanchâtre et l'occiput seulement un peu plus foncé que le dos.

♂ *Type de l'espèce.* De la Guyane. Acquis en 1812.

♂ De la Ménagerie, 1812. Il avait vécu antérieurement à la Ménagerie du Stathouder. Il avait près de 25 ans au moment de sa mort. Très-semblable, malgré sa longue captivité, à l'individu tué sauvage.

♂ De la Ménagerie, 1842. Donné par M. Cottin. Plus grisâtre; barbe plus pâle et moins fournie.

♂ De la Ménagerie, 1826. Passant à l'albinisme.

♂ Acquis en 1822; mort dans une ménagerie particulière. Passant aussi à l'albinisme.

○ Du voyage de M. Geoffroy Saint-Hilaire en Portugal, en 1808. Il paraît venir du Brésil. Tout blanc, type du *Cebus albus* Geoff. S.-H.

9. S. FAUVE. *C. flavus.* Du Brésil et de la Bolivie.

S. *flava.* . . . . Schreb.
SAJOU FAUVE, *C. flavus.* . . . . Geoff. S.-H., *loc. cit.*, 1812.

Espèce qui n'avait été établie que sur des individus jeunes et en mauvais état, et dont la caractéristique est à rectifier; elle a, comme presque tous les Sajous, dans son état parfait et normal, une calotte noire; mais cette calotte est brune chez les jeunes sujets normaux, brunâtre ou même seulement jaune chez les sujets albinos, singulièrement communs dans cette espèce. Dans tous les cas, la calotte n'occupe que le vertex et l'occiput, avec une petite pointe en avant; le reste du front est blanc; pelage d'un fauve brunâtre chez les individus adultes et normaux, fauve-pur ou fauve-clair chez les jeunes et les albinos.

Série d'individus parmi lesquels :

○ *Type de l'espèce.* Du voyage de M. Geoffroy Saint-Hilaire en Portugal, 1808.

♂ ○ De Bolivie, province de Santa-Cruz, par M. d'Orbigny, envoi de 1834.

♀ Même origine. Individu albinos, figuré dans le *Voyage* de M. d'Orbigny sous le nom de Sajou fauve, *Cebus fulvus* (ce dernier nom emprunté à la *Mammalogie* de M. Desmarest, où l'espèce ne porte le nom de *fulvus* (pour *flavus*) que par suite d'une erreur typographique).

10. S. CAPUCIN. *C. capucinus.*   De la Guyane? Du Brésil?

SAÏ, *Cebus capucinus*. . . . . Geoff. S.-H , *loc. cit.*, 1812.

Calotte très-petite, avec une pointe en avant, formée de poils noirs ou noirâtres se relevant un peu en arrière; joues, épaules, col, gris-blanchâtre. Cette espèce, excessivement commune, est généralement nommée Saï, *Cebus capucinus;* mais il est au moins douteux que ce soit le Saï de Buffon, et il est certain que ce n'est pas le *S. capucina* de Linné. Il serait d'ailleurs à peu près impossible de rapporter ces noms aux espèces qui les ont reçus primitivement.

Série d'individus ayant pour la plupart vécu à la Ménagerie.

En outre :

♀ Individu sur lequel l'espèce a été déterminée par M. Geoffroy Saint-Hilaire. Origine inconnue.

Parmi les individus ayant vécu à la Ménagerie, plusieurs sont, quoique jeunes, très-semblables au précédent; d'autres ont le dos un peu plus lavé ou semé de jaune, la pointe des poils étant de cette couleur.

Nous mentionnons à la suite de cette espèce deux variétés sur lesquelles nous ne pouvons nous prononcer, parce que nous ne les connaissons, l'une que par des sujets morts en captivité, l'autre que par un très-jeune individu.

♂ ♀ ♀ De la Ménagerie. Un peu plus grands que les précédents, couverts de poils plus longs, annelés de brun et de gris, et remarquables par les poils de la calotte, un peu divergents à partir d'un centre commun. L'une des femelles a le pelage un peu plus clair; commencement d'albinisme.

♀ Du Brésil, Bas-Amazone, par MM. de Castelnau et E. Deville, envoi de 1847. Roux-foncé en dessus, roux-vif sur les membres; calotte noirâtre, se prolongeant linéairement sur le front, qui est blanchâtre.

11. S. CHATAIN. *C. castaneus.*   De la Guyane.

Nous avions depuis longtemps distingué cette espèce, mais nous attendions de nouveaux matériaux pour en assurer la détermination. Elle est voisine du Saï; mais beaucoup plus grande, à pelage d'un châtain roux, plus ou moins tiqueté sur le corps, avec les membres postérieurs, le bas des avant-bras, la queue et la ligne dorsale plus foncés; les épaules sont d'un fauve-pâle roussâtre; le front et les côtés de la tête sont aussi de cette dernière couleur, mais en dessus il existe une calotte, rousse à l'occiput, noire sur le vertex, avec une ligne noire prolongée jusqu'à la partie antérieure du front ; les mains sont brunes.

⚲ *L'un des types de l'espèce.* (En mauvais état). De Cayenne, par M. Martin, 1819.

⚲ *L'un des types de l'espèce.* De Cayenne, par M. Poiteau, 1822. Il existait chez cet individu, ainsi que l'a reconnu M. Geoffroy Saint-Hilaire, *sept molaires* de chaque côté à la mâchoire supérieure.

♀ De Cayenne, par M. Martin, 1819. Très-semblable aux précédents, sauf le dessus de la tête, qui est coloré de brun-roussâtre, sans calotte nettement dessinée.

12. S. versicolore. *C. versicolor.* De Colombie.

C. versicolor. . . . . Pucher., *Revue zool.*, p. 335, 1845.

Espèce remarquable par sa grande taille (aussi grande que celle de la précédente) ; la tête en très-grande partie blanche, sans ligne noire médiane, et les membres d'un beau marron roux, avec les mains noires.

⚲ *Type de l'espèce.* De Santa-Fé de Bogota. Individu acquis en 1844 de M. Jurgens.

13. S. aux pieds dorés. *C. chrysopus.* De Colombie.

Sajou à pieds dorés ou chrysopé. *C. chrysopes* (pour *chrysopus*). Fr. Cuv., *Hist. nat. des Mamm.*, 1825.

Très-voisin du précédent, et non moins remarquable par la beauté de ses couleurs. Il s'en distingue nettement, outre sa taille beaucoup moindre, par ses mains à peine plus foncées que le reste des membres.

⚲ ⚲ De la Colombie, par M. Plée, 1826, sous le nom de *Carita blanca.* Nous avons décrit avec détail ces individus dans le *Dict. class. d'Hist. nat.*, art. Sapajou.

⚲ De la Ménagerie, 1840.

♀ De la Ménagerie, 1850.

⚲ De la Ménagerie, 1847. Couleurs semblablement distribuées, mais très-affaiblies ; décoloration produite sous l'influence de la captivité.

14. S. a gorge blanche. *C. hypoleucus.* De la Guyane.

Sai a gorge blanche, ... Buff., t. XV, p. 51, pl. 9.
Sajou a gorge blanche, *C. hypoleucus.* . . . . . Geoff. Saint-Hil., *loc. cit.*, 1812.

Série d'individus parmi lesquels :

⚲ Rapporté par M. Jaurès, expédition de *la Danaide*, 1843.

⚲ De la Ménagerie, 1818. Donné par M. David.

⚲ De la Ménagerie, 1848. Donné par M. Portalis.

⚲ De la Ménagerie, 1837. Donné par M. le docteur Autelme. Un peu différent des précédents, le tour de la face et la gorge étant d'un blanc gris et non d'un blanc pur.

⚲ (Conservé dans l'alcool). De la Ménagerie, 1845.

GENRE XIX. — ATÈLE. *ATELES.*

Genre établi par M. Geoffroy Saint-Hilaire en 1806 dans les *Annales du Muséum*, t. XIII, p. 89, et ayant pour type le *S. paniscus* Linn.

SYNON. *Brachyteles* (en partie). . . . . .   Spix, *loc. cit.*, 1822.

Le genre *Brachyteles* de Spix serait caractérisé par l'existence *à l'état rudimentaire* des pouces antérieurs ; ces doigts manquant au contraire chez les Atèles. En réalité, ils existent chez tous les Singes, mais parfois atrophiés et réduits à des rudiments seulement sous-cutanés.

Il existe des Atèles, et aussi des Ériodes, à pouces très-rudimentaires et non apparents à l'extérieur, d'autres, semblables d'ailleurs aux premiers, à pouces un peu moins atrophiés et encore visibles à l'extérieur. Ce sont ces Atèles et ces Ériodes à cinq doigts qui constitueraient le genre *Brachyteles*, réunissant ainsi, d'après une modification unique et dénuée de toute importance (1), des espèces différenciées par un ensemble de traits organiques d'une grande valeur.

HAB. L'Amérique méridionale et le sud de l'Amérique septentrionale.

ESP. Peu nombreuses. Nous plaçons en tête l'espèce qui a la main le moins incomplète.

1. A. PENTADACTYLE. *A. pentadactylus.*   De la Guyane et du Pérou.

CHAMEK.   Buff., t. XV, p. 21, note.
    A. pentadactylus. . . . .   Geoff. S.-Hil., *Ann. du Mus.*, t. VII, 1806.

Tout noir ; des pouces antérieurs rudimentaires sous la forme de tubercules sans ongle. Il est de taille un peu supérieure au suivant ; il lui est d'ailleurs très-semblable.

♀ (N° 6 de l'ancien Catalogue.) De la Guyane, par M. Martin, 1819.
♀ D'origine inconnue.
♀ De la Ménagerie, 1839.

1. A. COAÏTA. *A. paniscus.*   De la Guyane, du Brésil et du Pérou.

Très-voisin du précédent, mais tétradactyle.

COAÏTA.   Buff., XV, p. 16, pl. 1.
    Sim. paniscus. . . . .   Lin.
    A. paniscus. . . . .   Geoff. S.-Hil., *Ann. du Mus.*, t. VII, 1806.

♀ De la Guyane. Envoyé par M. le gouverneur de la colonie, 1826.
♀ De la Ménagerie, 1827.
♀ Du Pérou, bords du Javari, par MM. de Castelnau et Deville, envoi
    de 1847, sous le nom de *Couata.*
♂ Du Pérou. Donné par M. Gay, 1843.

2. A. NOIR. *A. ater.*   De la Guyane.

COAÏTA, var. ?. . . . .   Geoff. S.-Hil., *Ann. du Mus.*, t. XIII, 1809.
CAYOU, *A. ater.* . . . .   Fr. Cuv., *Hist. nat. des Mamm.*, 1823.

Face noire, tandis que le Coaïta a la face couleur de chair plus ou moins basanée ; quelques différences en outre dans la disposition des poils du front.

♂ *Type de l'espèce.* De la Ménagerie, 1822.
♀ De la Ménagerie, 1840. (Le clitoris est conservé et bien préparé chez cet
    individu.)

(1) Il en est ici des Atèles et sans doute des Ériodes comme des Colobes, leurs représentants parmi les Singes de l'ancien monde (voy. plus haut, p. 17) : il y a des variations individuelles, et la même espèce renferme des individus chez lesquels des vestiges de pouce se montrent encore à l'extérieur, et d'autres absolument tétradactyles. Nous avons même eu occasion d'examiner, il y a quelques années, et cité dans un de nos mémoires (*Archiv. du Mus.*, t. II, p. 499) un *Ateles pentadactylus* ayant à l'une des mains un tubercule pollicaire assez développé et à l'autre quatre doigts seulement. Pour Spix, ce Singe eût donc offert d'un côté les caractères d'un *Brachyteles*, de l'autre ceux d'un *Ateles.*

4. A. A FACE ENCADRÉE. *A. marginatus.* Du Brésil.

A. A FACE ENCADRÉE, *Ateles marginatus.* . . . . . . Geoff. S.-Hil., *Ann. du Mus.*, t. XIII, p. 92; 1809.

Belle espèce, encore à pelage généralement noir, mais avec la face à demi entourée de blanc (chez les adultes; de gris chez les jeunes sujets).

☿ *Type de l'espèce.* Du Brésil. Du voyage de M. Geoffroy Saint-Hilaire, en 1808. Demi-lune frontale seulement grise, une partie des poils étant noire, une partie blanche.

♀ Acquis en 1830. Il avait vécu dans une ménagerie particulière. Demi-lune frontale tout à fait blanche.

5. A. BELZÉBUTH. *A. Belzebuth.* De la Guyane et du Pérou.

BELZÉBUTH, *Belzebut.* . . . . Brisson, *Règne anim.*, p. 211; 1755.
A. *Belzebuth.* . . . . Geoff. S.-Hil., *Ann. du Mus.*, t. VII, p. 271; 1806.

Cette espèce, la plus anciennement connue de toutes, mais très-longtemps oubliée des zoologistes, est très-distincte par la couleur blanche des parties inférieures et internes; le reste du pelage est d'ailleurs noir comme chez tous les Atèles précédents.
Série d'individus ayant pour la plupart vécu à la Ménagerie.
Parmi les individus de la Ménagerie :

☿ Ayant déjà la taille de l'adulte et la couleur noire en dessus, mais avec les lombes d'un fauve brunâtre et la partie postérieure des cuisses rousses.

☿ Ayant déjà la taille de l'adulte, mais non ses couleurs : il est d'un gris-roussâtre sale, avec la queue et les membres antérieurs noirâtres. C'est l'un des deux individus qui ont été décrits sous le nom d'*A. melanochir* par M. Desmarest.

6. A. AUX MAINS NOIRES. *A. melanochir.*

A. MÉLANOCHEIRE, *A. melanochir.* . . . . Desmar., *Mammal.*, p. 76; 1820.

Nous avions longtemps douté de l'existence de cette espèce, qui pouvait sembler établie seulement, et qui l'était en partie, sur des individus en passage; son pelage, singulièrement varié de gris et de noir, indiquait l'existence d'un Atèle gris dans le premier âge, noir à l'état adulte. Nous avons vu depuis plusieurs individus vivants, et nous n'hésitons plus à admettre l'espèce décrite dès 1820 par M. Desmarest.

♀ *Type de l'espèce.* Acquis en 1819. Il avait vécu dans une ménagerie particulière. De couleur de filasse, avec la calotte, le dessus des avant-bras, les quatre mains et les genoux d'un brun noir.

♀ De la Ménagerie, 1848. Même distribution de couleurs; nuances plus vives et plus rousses sur plusieurs parties.

♂ De la Ménagerie, 1840. Mêmes couleurs que le précédent. Aux avant-bras, les coudes seulement sont noirs; la calotte n'est qu'en partie noire.

♀ (Conservé dans l'alcool). De la Ménagerie, 1844. Intermédiaire aux deux précédents; il a les avant-bras et seulement une partie de la calotte, noirs.

☿ De la Ménagerie, 1840. En grande partie roux; cette couleur est plus ou moins vive selon les régions du corps. Diffèrent à plusieurs égards des précédents; peut-être le jeune âge d'une autre espèce.

7. A. MÉTIS. *A. hybridus.* De Colombie.

A. MÉTIS. *A. hybridus.* . . . . Is. Geoff., *Mém. du Mus.*, t. XVII, p. 121; 1829.

c. 4

C'est le seul Atèle qui ne soit pas en totalité ou en partie noir. Il est d'un brun cendré avec les parties inférieures et internes et une *tache frontale* blanches.

♀ ♀ ♂ *Types de l'espèce.* De Colombie par M. Plée, 1826. Envoyés sous les noms de *Marimonda* et de *Mono zambo* (1).

♂ ♀ De la Ménagerie, 1840.

GENRE XX. — LAGOTRICHE. *LAGOTHRIX.*

Genre établi par M. Geoffroy Saint-Hilaire en 1812 dans son *Tableau des Quadrumanes*, et ayant pour type le *S. lagotricha* de Humboldt.

SYNON. . . . . . *Gastrimargus.* . . . . Spix, *loc. cit.*, 1823.

HAB. L'Amérique méridionale et centrale.

ESP. Très-peu nombreuses, et pour la plupart fort peu distinctes.

1. L. GRISON. *C. canus.*   Du Brésil.

L. GRISON, *L. canus.* . . . . Geoff. S.-H., *Tabl. des Quadrum.*, 1812.

Sa caractéristique doit être rectifiée, comme on le verra par les indications individuelles ci-après.

♂ *Type de l'espèce.* Du Brésil (?); du voyage de M. Geoffroy Saint-Hilaire, eu Portugal, 1808. Partout une teinte rousse qui paraît tenir à la vétusté de l'individu.

♂ Donné par M. Cross en 1825. Cet individu, auquel le précédent paraît avoir été très-semblable, a la tête d'un brun-noirâtre tiqueté, la queue un peu plus foncée que le corps, qui est gris-clair tiqueté en dessus, noirâtre en dessous.

♂ Du Brésil, acquis en 1850. Du même âge que les précédents, et présentant les mêmes caractères. (Nous avons vu un individu tout à fait adulte qui les présentait aussi, mais avec la tête tout à fait noire.)

2. L. DE HUMBOLDT. *L. Humboldtii.*   De la Colombie.

          Simia lagotricha. . . . . Humboldt, *Obs. zool.*, part. I, p. 322; 1811.
L. CAPARRO. . *L. Humboldtii.* . . . . Geoff. S.-H., *loc. cit.*, 1812.

Pelage beaucoup plus long, plus moelleux, plus foncé que dans l'espèce précédente; du reste, même distribution de couleurs; très-longs poils sur la poitrine et le ventre. Très-voisin du précédent, s'il en est réellement distinct.

o De l'embouchure de l'Orénoque, donné par le général Donzelot. Cet individu, que l'on a toujours regardé comme un *L. Humboldtii*, ne peut être déterminé avec certitude; le pelage est décoloré et râpé.

♂ ♀ ♂ De Colombie. Acquis en 1843. La tête noire chez les adultes.

o Du Pérou, donné par M. Gay, 1843. Tête noire; ligne dorsale un peu plus foncée que les flancs; cuisses noirâtres; mains tout à fait noires. Est-ce un passage, ou serait-ce une troisième espèce?

3. L. DE CASTELNAU. *L. Castelnaui.*   Du Pérou.

L. DE CASTELNAU. *L. Castelnaui.* . . . . . . Is. Geoff. et Deville, *Compt. rend. de l'Ac. des Sc.*, t. XXVII, p. 498; 1848.

(1) *Mono zambo*, c'est-à-dire *Singe métis.* On nomme ainsi cette espèce en Colombie, parce que sa couleur est à peu près celle du métis de l'Indien et du Nègre.

Nous avons hésité à considérer comme nouveau ce Lagotriche, brun tiqueté de blanc, et dont la description, comme couleur, se rapporte à celle du *L. Poppigii* Schinz, qui n'est vraisemblablement que le *L. infumatus* de Spix, quoique ce dernier zoologiste dise les poils noirs à la pointe. Mais le *L. Poppigii* et le *L. infumatus* sont dits plus grands que le *L. canus;* le *L. Castelnaui* est au contraire beaucoup plus petit.

Série d'individus, tous du Pérou, Haut-Amazone, par MM. de Castelnau et Deville, envoi de 1847. Parmi eux, un individu âgé de quelques jours ne diffère, comme couleur, des adultes que par le dos beaucoup moins tiqueté.

Genre XXI. — ÉRIODE. *ERIODES.*

Nous avons établi ce genre en 1829 dans les *Mémoires du Muséum d'histoire naturelle*, t. XVII. Le type est l'*E. arachnoïdes.*

SYNON. . . . . *Brachyteles* (en partie). . . . . . Spix, *loc. cit.*, 1823 (voy. plus haut, p. 48).

Plusieurs auteurs ont persisté à reproduire une erreur plusieurs fois rectifiée, celle qui consiste à confondre notre genre *Eriodes* avec le genre *Brachyteles* de Spix. Nous avons appelé *Eriodes* un groupe naturel composé de Singes, les uns à mains antérieures tétradactyles, les autres à pouces antérieurs rudimentaires, ayant les *ongles comprimés, les narines arrondies et rapprochées,* des caractères dentaires propres, une structure particulière des organes de la génération et le *pelage court et laineux.* Les *Brachyteles* sont, au contraire, un groupe artificiel composé de Singes analogues entre eux par les conditions de leurs pouces antérieurs rudimentaires, mais comprenant des espèces les unes pourvues des caractères que nous venons d'indiquer, d'autres ayant les *ongles en gouttière,* les narines *linéaires et écartées,* des caractères dentaires différents, une autre structure des organes de la génération, et le *pelage long et soyeux.*

HAB. L'Amérique méridionale et centrale.

ESP. Trois seulement, savoir : les deux qui vont être indiquées et (si toutefois elle en est bien distincte) l'*Eriodes tuberifer*, qui est l'*Ateles hypoxanthus* du prince de Wied.

1. E. ARACHNOÏDE. *E. arachnoïdes.* Du Brésil.

ATÈLE ARACHNOÏDE, *Ateles arachnoïdes.* . . . . . Geoff. S.-H., *Ann. du Mus.*, t. XIII, p 270; 1806.
E. ARACHNOÏDE . . *E. arachnoïdes.* . . . . Is. Geoff., *loc. cit.*, 1829.

♂ *Type de l'espèce.* Du Brésil (?); du voyage de M. Geoffroy Saint-Hilaire en Portugal, 1808.

♂ Du Brésil, par MM. Quoy et Gaimard, expédition de *l'Uranie*, 1820.
♀ Du Brésil, par M. Auguste de Saint-Hilaire, 1818, sous le nom de *Macaco vermelho.*

2. E. HÉMIDACTYLE. *E. hemidactylus.* Du Brésil.

ATÈLE HYPOXANTHE, *Ateles hypoxanthus.* . . . . . Desmar., *Mammal.*, p. 72, 1820 (mais non pr. de Wied-Neuwied).
ER. HÉMIDACTYLE. . *E. hemidactylus* . . . . . . Is. Geoff., *loc. cit.*, 1829.

♀ *Type de l'espèce.* Du Brésil, par M. Delalande, 1816.

Genre XXII. — HURLEUR. *MYCETES.*

Depuis le Mémoire de MM. Cuvier et Geoffroy Saint-Hilaire sur les Singes, publié en 1795 dans le *Magasin encyclopédique*, ce genre a été adopté par tous les auteurs, et toujours avec les mêmes caractères et les mêmes limites. Mais la nomenclature a beaucoup varié, ainsi qu'on va le voir.

L'espèce type du genre est l'Alouate de Buffon, *Stentor seniculus* Linn.

SYNON. Alouatte ,   *Cebus.* . . . .   Cuv. et Geoff. S.-H., dans le *Mag. encycl.*, 1re ann.,

                                                p. 71 , 1795.

       Alouatte ,   *Aluatta.* . . . .   Lacép., *Tabl. de classific.*, 1799.

                   Mycetes. . . . .   Illig., *Prodrom. System. mammal.*, 1811.

       Hurleur .   *Stentor.* . . . .   Geoff. S.-H., *Tabl. des Quadrum.*, 1812 (1).

Hab. L'Amérique méridionale et centrale.

Esp. C'est l'un des genres où la distinction des espèces offre le plus de difficultés, en raison des nombreuses variétés de localité et de la différence considérable qui existe parfois entre l'un et l'autre sexe. Les observations des auteurs modernes ont fait retrancher comme nominales, avec certitude pour l'une d'entre elles, avec une très-grande probabilité pour d'autres, plusieurs espèces d'abord admises par tous les zoologistes (2).

1. H. ALOUATE. *M. seniculus.* De l'Amérique méridionale, principalement de la Guyane.

SYNON. Alouate. . . . .   Buff., *Hist. nat.*, t. XV, p. 5.

         Sim. seniculus. . . . .   Lin.

         M. seniculus. . . . .   Illig., *loc. cit.*, 1811.

Série d'individus parmi lesquels :

♂ De la Guyane, par M. Poiteau , 1822. L'un des types des descriptions de MM. Geoffroy Saint-Hilaire , Desmarest, etc.

♂ Très-jeune âge, uniformément d'un roux brunâtre. Acquis en 1811.

Nous mentionnons à la suite de ces individus un Hurleur fort voisin des précédents, mais qu'on ne saurait rapporter avec certitude à la même espèce.

♀ De Bolivie , Santa-Cruz de la Sierra, par M. d'Orbigny, 1834. Individu plus petit et de couleur plus pâle et plus uniforme que les Alouates de la Guyane.

2. H. A QUEUE DORÉE. *M. chrysurus.* De l'Amérique méridionale, principalement de Colombie.

H. A QUEUE DORÉE ,   *Stentor chrysurus.* . . . .   Is. Geoff., *Mém. du Mus. d'Hist. nat.*, t. XVII, p. 166; 1829.

Série d'individus parmi lesquels :

♂ ♀ *Types de l'espèce.* De Colombie, par M. Plée, 1826, sous le nom d'*Araguato.*

♂ ♀ De la Colombie, par M. Beauperthuy. Le jeune est de couleur plus uniforme; la queue moins claire dans la portion terminale.

♂ Du Brésil, province de Matto-Grosso, bords du Paraguay, par MM. de Castelnau et Deville; 1846.

3. H. OURSON. *M. ursinus.*   De l'Amérique méridionale, principalement du Brésil.

SYNON. H. OURSON. . . .   *Stentor ursinus.* . . . .   Geoff. S.-H., *loc. cit.*, 1812.

       Alouate ourson ,   *M. ursinus.* . . . . . .   Desmar., *Mammal.*, 1820.

---

(1) Le nom d'*Aluatta*, proposé par Lacépède, n'a été adopté dans aucun ouvrage ultérieur. Tous les auteurs se sont partagés entre *Mycetes* et *Stentor*, noms presque simultanément introduits dans la science par Illiger et Geoffroy Saint-Hilaire , et tous deux correspondant également au nom français Hurleur. *Mycetes*, comme antérieur de quelques mois, a dû être adopté, conformément aux règles de la nomenclature. Voyez plus haut.

(2) Le catalogue ci-après des espèces du genre Hurleur et des principaux individus de notre Collection a été dressé par M. Émile Deville, préparateur de zoologie au Muséum , l'un des compagnons de M. de Castelnau dans la traversée du continent américain. M. Deville avait fait ce travail en vue de déterminer exactement les Hurleurs provenant de son voyage.

C'est l'une des espèces les plus variables, et les plus difficiles à déterminer.

o o Du Brésil, capitainerie de Saint-Paul, bois vierges du Capivari, par
M. Aug. de Saint-Hilaire, 1822.

♂ Du Brésil. Rapporté du Portugal en 1808 par M. Geoffroy Saint-Hilaire.
Individu décoloré.

A la suite de ces individus, à pelage roux, nous indiquons plusieurs individus, plus
ou moins bruns, qui paraissent se rapporter comme variétés à la même espèce.

♂ Du Brésil, des forêts vierges sur les bords du Rio Paraheba, par M. Aug.
de Saint-Hilaire, 1822. Barbe et membres presque comme dans les précédents; dos couvert de poils bruns à pointe fauve.

♂ Du Brésil, par M. Delalande, 1816. Mains, haut des avant-bras, genoux
et queue roux, comme chez les Oursons ordinaires; dos brun tiqueté de
jaune. Passant à la variété décrite par M. de Humboldt sous le nom de
Choro : Stentor flavicaudatus Geoff. S.-H.

o Du Brésil, midi de la capitainerie de Saint-Paul, par M. Aug. de Saint-
Hilaire, août 1822. Généralement brun, un peu tiqueté sur le dos.

♂ o Du Brésil, par M. Delalande, 1816. Généralement bruns, avec le dos et
le dessus de la tête plus clairs.

o Du Brésil. Rapporté de Portugal par M. Geoffroy Saint-Hilaire en 1808.
Ce très-jeune individu est très-voisin des précédents, mais un peu plus
clair.

♂ ♂ Du Brésil, par M. Aug. de Saint-Hilaire, août 1822. Très-voisins des
précédents, mais plus foncés. C'est le Guariba, *Stentor* ou *Mycetes fuscus*
des auteurs, dont les trois individus précédents ont été considérés comme
des jeunes.

4. H. AUX MAINS ROUSSES. *M. rufimanus*.   Du Brésil.

SYNON.   *M. rufimanus*. . . . . . . Kuhl, *Beytr. zur Zool.*, part. II, p. 31; 1820.

Cette espèce, fort rare, à pelage noir, avec les mains, les pieds et le bout de la
queue roux, est restée longtemps douteuse. Elle nous paraît devoir être définitivement
admise.

♀ ♂ Du Brésil, province de Goyaz, sur les bords du Rio Araguay, par
MM. de Castelnau et Deville, 1846.

5. H. NOIR. *M. niger*.   De l'Amérique méridionale, principalement du Brésil.

SYNON. CABAYA. . . . . , ... Azara, *Trad. franç.*, t. II, p. 208.
    CABAYA. . . . . *Stentor niger* . . . . . Geoff. S.-H., *loc. cit.*, 1811.
    ALOUATE CABAYA. *M. niger*. . . . . . . Desmar., *loc. cit.*, 1820.

Depuis plusieurs années déjà, nul doute ne peut être conservé sur l'identité spécifique des *M.* ou *St. niger* et *M.* ou *St. stramineus* des auteurs dont l'un, le premier
à pelage tout noir, avait été établi sur des individus mâles, et le second, à pelage
jaunâtre, sur des femelles et des jeunes. Le Muséum possède une belle série de mâles
adultes tout noirs, de femelles adultes et de jeunes tout jaunes, et de jeunes mâles
passant du jaune au noir.

Parmi ces individus :

♂ ♀ *Types* l'un du *Stentor niger*, l'autre du *St. stramineus* de M. Geoffroy
Saint-Hilaire, qui les a rapportés de Portugal en 1808.

♂ ♀ ⚲ De Santa-Cruz de la Sierra, par M. d'Orbigny, 1834.

⚲ ♂ Du Brésil, province de Goyaz, bords de l'Araguay, par MM. de Castelnau et Deville, 1846.

♀ Provenant de la même localité et rapporté par le mêmes voyageurs. Cette femelle a une partie de la barbe rousse, ainsi que quelques poils du ventre et de la partie interne des membres.

♂ Très-jeune individu. Il est uniformément d'un fauve clair.

Genre XXIII. — SAKI. *PITHECIA.*

Groupe créé par M. Geoffroy Saint-Hilaire dans son *Catalogue des Mammifères du Muséum* (1803) sous le nom de Saki que Buffon avait donné à l'espèce type, aujourd'hui connue sous le nom de Saki à tête blanche. Dans ce premier travail, M. Geoffroy Saint-Hilaire n'avait toutefois considéré les Sakis que comme un sous-genre, et ne leur avait point donné de nom générique latin. Le nom de *Pithecia*, proposé d'abord par M. Desmarest, a été adopté par M. Geoffroy Saint-Hilaire en 1812 dans son *Tableau des Quadrumanes*, et par un très-grand nombre d'auteurs pour tous les Cébiens à incisives proclives et à queue tout à fait lâche.

Depuis MM. Geoffroy Saint-Hilaire, Desmarest, Illiger et Cuvier, deux auteurs ont fractionné les Sakis en plusieurs genres ou sous-genres, dont un seul nous paraît fondé sur des caractères suffisamment importants. Celui-ci est le genre *Brachyurus* de Spix, que l'on trouvera mentionné ci-après.

SYNON. Yarké. . . *Yarkea.* . . . . Lesson, *Species des Mamm.*, p. 176, 1840.
　　　Chiropote. *Chiropotes.* . . . . Le même, *ibid.*, p. 178.

L'examen attentif que nous avons fait des caractères tant intérieurs qu'extérieurs des espèces que M. Lesson sépare sous ces noms, et de ceux des espèces auxquelles il conserve celui de Saki, *Pithecia*, nous a de plus en plus convaincu qu'elles avaient été à bon droit réunies génériquement. Il n'existe entre les unes et les autres que des modifications dans la disposition et la proportion des poils de diverses régions, de la tête surtout, et des différences très-peu importantes dans la longueur de la queue. Il y a d'ailleurs entre les unes et les autres des passages.

On a vu plus haut (p. 3) que, contrairement aux auteurs qui ont restreint le nom de *Pithecia* à une partie des Cébiens à incisives proclives et à queue lâche, un de nos zoologistes les plus éminents, M. de Blainville, a cru devoir faire récemment de *Pitheciæ* le nom commun, non-seulement de toute la tribu des Cébiens, mais des deux tribus américaines de la famille des Singes.

Hab. L'Amérique méridionale.

Esp. Divisibles en deux sections d'après les proportions de la queue.

1° *Espèces à queue très-longue.*

1. S. A TÊTE BLANCHE. *P. leucocephala.*　　　　　　　　De la Guyane.

Saki. . . . . Buff., t. XV, pl. 12.
　　　　　　　Simia pithecia. . . . . . . Schreb.
Saki a tête blanche, *Pith. leucocephala.* . . . . Geoff. S.-H., *Tabl. des Quadrum.*, 1812.

Nous citons comme type de cette espèce le Saki de Buffon d'après la planche, et non d'après le texte où deux espèces, celle-ci et le *P. rufiventer*, sont confondues sous le même nom.

♂ (N° 16 de l'ancien Catalogue.) De la Guyane.
♂ De la Guyane, par M. Poiteau, 1822.
♂ De la Guyane, acquis en 1836. Diffère de l'adulte par le ventre d'un brun roussâtre (1), le pelage tiqueté sur les parties latérales, et surtout par

(1) C'est un jeune *P. leucocephala*, ayant encore le ventre roussâtre, qu'a figuré Buffon : la couleur du ventre a trompé les auteurs, qui ont cru reconnaître en lui le *P. rufiventer*. Deux autres Sakis sont figurés dans les Suppléments de Buffon : ceux-ci ne peuvent être déterminés avec autant de certitude.

la tête revêtue de poils en partie noirs : chez les adultes les poils de la tête sont entièrement d'un blanc lavé de jaune, qui passe au jaune sur les joues.

2. S. A TÊTE D'OR. *P. chrysocephala.* Du Brésil (?).

Belle espèce nouvelle (1), intermédiaire au *P. leucocephala* Geoff. S.-H. et au *P. ochrocephala* Kuhl. Elle est très-voisine surtout du premier, ayant de même le corps, les membres et la queue couverte de longs poils noirs (moins longs toutefois) ; mais la tête est revêtue de poils ras d'un roux-doré vif, au milieu desquels une ligne noire s'étend sur le milieu du front.

♂ ♀ *Types de l'espèce.* Acquis en 1850 par les soins de M. Deyrolle. Le jeune a, comme celui du *P. leucocephala,* le pelage un peu tiqueté et le dessous d'un brun roussâtre; ce brun-roussâtre toutefois passe au roux sous la gorge. La tête est d'ailleurs comme chez l'adulte.

D'après M. Deyrolle, ces deux Singes viennent des bords de la rivière des Amazones.

3. S. A VENTRE ROUX. *P. rufiventer.* De la Guyane.

SAKI . . . . Buff., *loc. cit.,* texte.
SINGE DE NUIT . . . . Le même, *Suppl.,* t. VII, pl. 31.
SAKI A VENTRE ROUX, *P. rufiventer.*. . . . . Geoff. S.-H., *loc. cit.,* 1812.

On a vu que Buffon, dans le tome VII de l'*Histoire naturelle,* avait désigné plus spécialement et figuré sous le nom de Saki le *P. leucocephala.*

Cette espèce est, à l'état adulte, tiquetée et à ventre roux (mais d'un roux plus clair et plus vif), comme les jeunes des espèces précédentes ; au milieu du front et sur chaque joue un petit bouquet de poils semblables à ceux qui couvrent une grande partie de la tête chez le *P. leucocephala.*

○ De Cayenne, par M. Martin, 1819.

○ Acquis en 1837.

○ De Surinam, acquis en 1847. Poils beaucoup plus annelés de gris clair que chez l'adulte.

4. S. MOINE. *S. monachus.* Du Brésil et du Pérou.

MOINE, *P. monachus* . . . . Geoff. S.-H., *loc. cit.,* 1812.

Cette espèce, longtemps fort rare, pouvait être regardée comme douteuse, non-seulement lorsque M. Geoffroy Saint-Hilaire l'a décrite en 1812 d'après un seul individu qu'il avait rapporté en 1808 de son voyage en Portugal, mais jusque dans ces dernières années. L'expédition de M. de Castelnau, qui, ainsi qu'on peut s'en convaincre par ce *Catalogue,* a procuré au Muséum d'immenses richesses zoologiques, nous permet de considérer le *P. monachus* comme une espèce parfaitement établie. Elle nous met, de plus, en mesure d'affirmer que le *Pithecia hirsuta* de Spix ne diffère pas du *P. monachus.*

Cette espèce est bien distincte de toutes les précédentes par sa tête rasée en avant sur une assez grande étendue, ses longs poils noirs à extrémité blanchâtre, et surtout ses mains blanchâtres.

(1) Nous l'avons indiquée, durant l'impression de ce *Catalogue,* dans les *Compt. rend. de l'Acad. des Sc.,* t. XXXI, p. 875, déc. 1850.

♂ *Type de l'espèce.* Du Brésil; rapporté par M. Geoffroy Saint-Hilaire du Portugal en 1808. Chez ce jeune sujet, les poils de la partie antérieure de la tête sont blanchâtres.

♂ ♂ ♀ ♀ ♂ Du Pérou, Haut-Amazone, Ucayali et Rio Javari, par MM. de Casteluau et Deville, envoi de 1847, sous le nom de *Parauacu.* Chez les adultes, front variant du brun-roux au gris; poils du ventre tantôt d'un noir seulement tiqueté, tantôt à pointe blanche sur une plus grande étendue. On retrouve de semblables différences de coloration sur le corps. Le jeune individu, âgé de cinq à six jours, à poils beaucoup moins longs, mais déjà varié de noir et de blanc.

5. S. A NEZ BLANC. *P. albinasa.*   Du Brésil.

S. A NEZ BLANC, *P. albinasa.* . . . . Is. Geoff. et E. Deville, *Compt. rendus de l'Acad. des Sc.,* t. XXVII, p. 498; 1848.

Espèce distincte dès le premier aspect par son nez couvert de poils ras dont la blancheur contraste avec le reste de la face et tout le pelage, qui sont d'un noir profond.

♂ *Type de l'espèce.* Du Brésil, province du Para, par MM. de Castelnau et Deville, envoi de 1847. Cet individu, le seul que l'expédition de M. de Castelnau ait connu, vivait en captivité chez des Indiens à Santarem.

2° *Espèces à queue notablement plus courte que le corps.*

Différentes par leur queue comparativement plus courte, et devant à l'existence d'une longue barbe une physionomie des plus singulières, ces espèces ont été souvent, soit séparées en un genre ou sous-genre distinct (*Chiropotes,* voy. plus haut, p. 54), soit reportées parmi les Brachyures. En réalité, ce sont de vrais Sakis, plus singuliers encore que les autres, mais ayant tous les mêmes caractères génériques. On ne saurait établir en effet un genre ni sur l'existence d'une telle disposition du pelage, ni sur la moindre longueur de la queue, quand il s'agit d'un groupe où cet organe, si important dans plusieurs genres américains, n'est plus qu'un appendice inerte.

6. S. SATANIQUE. *S. satanas.*   Du Brésil.

C. *satanas.* . . . . , . . . Hoffmanns., *loc. cit.,* p. 93; 1807.

♂ Du Brésil; du voyage de M. Geoffroy Saint-Hilaire en Portugal, 1808. Chevelure noire; dos brun.

♀ Cédé au Muséum en 1812 par le Musée des Pays-Bas. Chevelure et dos d'un brun fauve.

♀ Du Brésil, province du Para. Presque uniformément brun en dessous; la chevelure et la barbe commencent à se dessiner.

7. S. CHIROPOTE. *S. chiropotes.*   De la Guyane.

♂ De la Guyane, acquis en 1811.

♂ De la Guyane, bords de l'Orénoque; envoyé par M. Plée, en 1821, de la Martinique, où ce Singe vivait chez le gouverneur de la colonie.

GENRE XXIV. — BRACHYURE. *BRACHYURUS.*

Genre établi par M. Spix, *Simiarum et Vespertilionum species novæ*, 1823, pour quelques Singes américains fort voisins encore des Sakis, mais où la queue, loin d'être seulement un peu plus courte, devient d'une extrême brièveté ou même rudimentaire; ce caractère est éminemment remarquable dans une tribu dont la longue queue avait été si souvent signalée comme l'un des traits distinctifs.

Avant Spix, qui a découvert au Brésil, sur les bords de la rivière d'Ica et fait connaître une très-curieuse espèce de Brachyure sous le nom de *Brachyurus ouakary*, on ne connaissait qu'un Singe américain à queue très-courte, le Cacajao de M. de Humboldt, qui habite les forêts du Cassiquiare et du Rio Negro et qui paraît n'avoir pas été revu depuis l'illustre voyageur.

Le Muséum, quoique ne possédant ni ce dernier ni le *B. ouakary* de Spix, réunit assurément la plus belle série de Brachyures qui existe dans aucun musée : à une exception près, il la doit tout entière à l'expédition de M. de Castelnau.

SYNON. COURTE-QUEUE, *Brachyurus*. . . . . . . Spix, *loc. cit.*, 1823.
CACAJAO. . . . *Cacajao* . . . . Less , *Spec.*, 1840.
Ouakaria. . . . . J.-E. Gray, *Proceed. of the zool. Soc. of London*, ann. 1849, p. 9.

Le nom de *Courte-queue* qu'avait admis Spix en français, a été généralement rejeté, et le genre, d'un accord unanime, a été nommé Brachyure, *Brachyurus.*

Nous ne voyons aucune raison pour transporter, comme le propose M. J.-E. Gray, aux Sakis de la seconde section ou aux *Chiropotes* de M. Lesson, le nom de *Brachyurus*, et pour créer un nouveau nom, *Ouakaria*, pour les Singes américains, remarquables par l'extrême brièveté de leur queue. Le nom de *Brachyurus* convient éminemment à ces derniers, et c'est spécialement pour eux qu'il a été créé par Spix.

1. B. CHAUVE. *B. calvus.*   Du Brésil et du Pérou.

B. CHAUVE, *B. calvus.* . . . . Is. Geoff., *Compt. rend. de l'Acad. des Sc.*, t. XXIV, p. 576; 1847.

♂ *Type de l'espèce.* Du Brésil, province du Para; donné en 1807 par M. d'Alcantara Lisboa, attaché à la légation brésilienne à Paris.

♂ ♀ ♀ ♀ Du Pérou, Haut-Amazone, près Fonteboa, par MM. de Castelnau et Deville, envoi de 1847; appelé par les Indiens *Acari blanc*. Chez l'un de ces individus qui est femelle (comme chez l'individu précédent), barbe longue, rousse et noire; chez les autres, barbe plus courte, seulement rousse. L'une des femelles a quelques poils roux sur le dos.

2. B. RUBICOND. *B. rubicundus.*   Du Brésil.

B. RUBICOND, *B. rubicundus.* . . . . Is. Geoff. et E. Deville, *Comptes rend. de l'Acad. des Sc.*, t. XXVII, p. 498, 1848.

♂ ♂ ♀ ♀ ♀ *Types de l'espèce.* Du Brésil, par MM. de Castelnau et Deville, envoi de 1847. Ils viennent du Haut-Amazone près Saint-Paul (sur la rive gauche, tandis que l'espèce précédente se trouve de l'autre côté du fleuve). Connu des Indiens sous le nom d'*Acari rouge*.

Tous ces individus très-semblables entre eux, même le jeune, âgé de dix jours environ, qui a déjà le pelage d'un roux doré très-intense, le dessus de la tête couvert de poils gris ras, la face nue et rouge.

IVᵉ ᴛʀɪʙᴜ. — Les HAPALIENS. *HAPALINA*.

Cette tribu correspond aux Sagoins de Buffon, moins les Sakis, et (très-exactement) aux Arctopithèques de M. Geoffroy Saint-Hilaire, dont les Hélopithèques et Géopithèques composent, réunis ensemble, la tribu des Cébiens.

Elle comprend ceux des Singes américains dont les ongles sont allongés et en griffes, les pouces antérieurs toujours développés, mais jamais opposables, et qui, pourvus de cinq molaires seulement de chaque côté et à chaque mâchoire, ont la formule dentaire suivante, très-distincte, comme on l'a vu plus haut (p. 3), non-seulement de celle des autres Singes américains à six molaires, mais aussi de celle des Singes de l'ancien monde, malgré l'identité du nombre total :

$$4 (2 I + C + 3 m + 2 M) = 32 D.$$

Nous croyons avoir démontré dès 1827 et 1829 (1) que ce groupe, si exactement défini sous le nom d'Arctopithèques par M. Geoffroy Saint-Hilaire, doit être considéré non comme une simple subdivision du groupe des Singes américains ; mais comme l'une des divisions primaires de la grande famille des Singes. Cet arrangement, que M. Bowdich avait indiqué avant nous dans son *Analysis of the natural classifications of Mammalia* (1821), a été bientôt adopté par la plupart des zoologistes, et notamment par MM. J.-B. Fischer, Duvernoy et Ch. Bonaparte. Les observations par lesquelles nous avons montré chez les Hapaliens un caractère anatomique éminemment remarquable, l'absence des circonvolutions, ont pleinement confirmé, quelques années après nos remarques sur les caractères extérieurs, la conséquence que nous en avions déduite.

Un examen nouveau des nombreux matériaux que possède aujourd'hui le Muséum, riche de près de trente espèces d'Hapaliens, nous a conduit à reconnaître l'exactitude des caractères sur lesquels M. Geoffroy Saint-Hilaire a fondé sa classification des Arctopithèques ou, comme ils doivent être nommés d'après les règles actuelles de la nomenclature, des Hapaliens. On les réunissait tous, avant lui, en un seul et même genre : M. Geoffroy Saint-Hilaire les a divisés en deux genres, que caractérisent surtout des différences considérables dans le système dentaire (molaires, incisives et surtout canines).

Voici les caractères indicateurs de ces genres :

Canines inférieures { petites ; incisives inférieures presque aussi longues qu'elles. . Oᴜɪsᴛɪᴛɪ. *Hapale*.
{ fortes ; incisives courtes. . . . . Tᴀᴍᴀʀɪɴ. *Midas*.

Genre XXV. — OUISTITI. *HAPALE*.

Genre créé en 1812 par M. Geoffroy Saint-Hilaire dans son *Tableau des Quadrumanes*, où les Hapaliens ont pour la première fois cessé d'être réunis en un seul genre. Il a pour type le *Simia jacchus* L., et porte dans le travail de M. Geoffroy Saint-Hilaire le nom de *Jacchus*. Celui d'*Hapale*, qui a paru devoir lui être substitué et qui est très-généralement usité, avait été introduit dans la science un an auparavant par Illiger, mais comme dénomination de tous les Singes de la quatrième tribu et non spécialement de ce genre. M. Kuhl, ainsi qu'on va le voir plus bas par la synonymie, est le

---

(1) Dans le *Dictionnaire classique d'histoire naturelle*, tomes XII et XV, articles Oᴜɪsᴛɪᴛɪs et Sᴀᴘᴀᴊᴏᴜs.

premier qui ait repris le nom d'*Hapale* en l'appliquant exclusivement aux vrais Ouistitis.

SYNON. Sagoin (en partie). . . . . Buff., t. XIV et XV.
        Sagouin, *Sagouin* (en partie). . . . . Lacép., *loc. cit.*, 1799.
        Saguinus (en partie). . . . . Hoffmannsegg dans le *Magazin der Gesell. naturf. Freunde*, t. 1, p. 102, 1807.
        Hapale (en partie). . . . . . Illiger, *Prodrom.*, 1811.
        Ouistiti, *Jacchus*. . . . . Geoff. S.-H., *Tabl. des Quadr.*, 1812.
        Hapale. . . . . Kuhl, *Beytræge zur Zoologie*, part. II, p. 46, 1820.
        Ouistiti, *Hapale* . . . . Less., *Species des Mamm.*, 1840.
        Microcèbe (en partie). . . . . Blainv., *Ostéographie*, 1841.

Ce dernier nom avait déjà été employé et doit être réservé pour un genre de Lémuridés. (Voy. plus bas.) Plusieurs auteurs citent dans la synonymie générique, le nom d'*Arctopithecus* qu'ils attribuent à M. Geoffroy Saint-Hilaire. On a déjà vu que ce zoologiste nommait *Arctopithèques* la tribu que nous appelons Hapaliens avec la plupart des auteurs : *Arctopithecus* n'a jamais été pour lui un nom générique.

Nous devons ajouter que M. Lesson, tout en adoptant dans son *Species des Mammif.* le genre Ouistiti, *Hapale*, le subdivise, d'après quelques caractères de pelage, en *Hapale* proprement dit et en *Mico*. Ces divisions ne reposent sur aucun caractère véritablement générique.

HAB. L'Amérique méridionale et la partie la plus méridionale de l'Amérique du Nord.

ESP. Divisibles en deux sections d'après la disposition des poils de la tête.

1° *Espèces portant à la tête de longs poils.*

Ces longs poils sont disposés soit en éventail, soit plus souvent en pinceaux sur les côtés de la tête et derrière les oreilles.

C'est tout à fait à tort que M. Lesson ramène toutes ces espèces à deux seulement, nommées par lui Ouistiti à pinceaux blancs, *H. leucotis*, et O. à pinceaux noirs, *H. melanotis;* la première ayant pour type le *S. jacchus* Lin. et la seconde le *Jacchus penicillatus* Geoff. S.-H. Près de l'une et de l'autre se groupent d'autres espèces distinctes, dont plusieurs au moins, connues de nous par un grand nombre d'individus et dans divers âges, ne paraissent pas pouvoir être révoquées en doute.

A. *Espèces à pinceaux ou éventails blancs.*

1. O. VULGAIRE. *H. jacchus.*   Du Brésil. De la Guyane (?).

        Simia jacchus. . . . . Lin.
Ouistiti. . . . . Buff., t. XV, p. 96, pl. 14.
        Hapale jacchus. . . . . Illig., *Prodrom.*, 1811, et Mém. dans les *Abhandl. der der Wissensch. Akadem.* de Berlin, t. III, p. 107, 1815.
Ouistiti vulgaire. *Jacchus vulgaris.* . . . . . . Geoff. S.-H., *Tabl. des Quadrum.*, 1812.

Série d'individus parmi lesquels :

♂ Du Brésil, du voyage de M. Geoffroy Saint-Hilaire en Portugal, 1808. Commençant à prendre le pelage parfait.

○ Donné par M. Audouin, chez lequel il est mort en naissant, 1820. Tête et col en grande partie noirs; corps d'un gris clair; queue colorée par anneaux alternativement noirs et gris.

♀ (Conservé dans l'alcool). Du Brésil, donné par madame Heurtaut, 1844.

♀ (Conservé dans l'alcool). Donné par M. Thérouanne, 1848.

2. O. A COL BLANC. *H. albicollis.*   Du Brésil.

O. A PINCEAUX ET HAUSSE-COL BLANCS, *Jacchus albicollis.* . . . Spix, *Simiar. et Vespert. sp. nov.*, p. 33, pl. 25, 1823.

♂ Acquis en 1845.

♀ De la Ménagerie, 1840. La partie postérieure de la tête blanchâtre, le dessus du col gris, tandis que ces parties sont blanches chez l'adulte.

3. O. OREILLARD. *H. aurita.* Du Brésil.

O. OREILLARD , *Jacchus auritus* . . . . Geoff. S.-H., *loc. cit.*, 1812.
  H. auritus. . . . . Kuhl, *loc. cit.*, p. 48, 1820.
  H. aurita . . . . Wagner, *Saugethiere* (suite de Schreb.), part. 1, 1840.

o *Type de l'espèce.* Du Brésil, du voyage de M. Geoffroy Saint-Hilaire en Portugal, 1808.
♂ Du Brésil, par M. Delalande, 1816.
o ♀ Du Brésil, par M. Aug. de Saint-Hilaire, 1818.

4. O. à CAMAIL. *H. humeralifer.* Du Brésil (?).

CAMAIL , *Jacchus humeralifer.* . . . . Geoff. S.-H., *loc. cit.*, 1812.
  H. humeralifer. . . . . Kuhl, *loc. cit.*, p. 48, 1820.

♂ *Type de l'espèce.* Du Brésil; du voyage de M. Geoffroy Saint-Hilaire en Portugal, 1808.

B. *Espèces à pinceaux noirs.*

5. O. à PINCEAU NOIR. *H. penicillata.* Du Brésil.

PINCEAU , *Jacchus penicillatus.* . . . . Geoff. S.-H., *loc. cit.*, 1812.
  H. penicillatus. . . . . Kuhl, *loc. cit.*, p. 47, 1820.
  H. penicillata. . . . . Waguer, *loc. cit.*, 1840.

o ♂ ♀ ♀ Du Brésil, province de Goyaz, par M. Aug. de Saint-Hilaire. Parmi eux, un individu âgé de quelques jours seulement.
♂ ♀ De la Ménagerie, 1831.

6. O. à TÊTE BLANCHE. *H. leucocephala.* Du Brésil.

O. à TÊTE BLANCHE , *Jacchus leucocephalus.* . . . . Geoff. S.-H., *loc. cit.*, 1812.
  H. leucocephalus. . . . . Kuhl, *loc. cit.*, p. 47, 1820.
  H. leucocephala. . . . . Wagn., *loc. cit.*, 1840.

o *Type de l'espèce.* Du Brésil; du voyage de M. Geoffroy Saint-Hilaire en Portugal, 1808.
♂ Du Brésil, partie occidentale de la province de Minas Geraes (hors des forêts vierges), par M. Aug. de Saint-Hilaire, 1822.

2° *Espèces à poils ras sur la tête.*

C'est sur la première espèce de cette section que repose le genre Mico, *Mico*, de M. Lesson, *loc. cit.*

7. O. MÉLANURE. *H. melanura.* Du Brésil.

O. MÉLANURE , *Jacchus melanurus.* . . . . Geoff. S,-H., *loc. cit.*, 1812.
  H. melanurus. . . . . Kuhl, *loc. cit.* p. 49, 1820.
  H. melanura. . . . . Wagn., *loc. cit.*, 1840.

Le Mico de Buffon , t. XV, *Simia argentata* Lin et Schreb., *Jacchus argentatus* Geoff. S.-H., *Hapale argentata* Wagn., est une variété albine de l'Ouistiti mélanure. Il est difficile de concevoir comment M. Lesson, ayant admis, à votre exemple, l'identité spécifique de l'Ouistiti mélanure et du Mico (*Species*, p. 194, 1840), a cru devoir considérer ce dernier, c'est-à-dire l'albinos, comme fournissant les véritables caractères de l'espèce, et le Mélanure comme une simple variété du Mico.

♂ *Type de l'espèce.* Du Brésil; du voyage de M. Geoffroy Saint-Hilaire en Portugal, 1808.

$\overset{\curlywedge}{\circ}$ De la Bolivie, province de Santa-Cruz de la Sierra (?), par M. d'Orbigny;
envoi de 1834.

$\overset{\curlywedge}{\circ} \overset{\circ}{\varsubsetneq}$ Du Brésil; province du Para, par MM. de Castelnau et Deville, 1847.

$\overset{\curlywedge}{\circ}$ Variété albine. Du Brésil, donné par M. le comte de Hoffmansegg, 1808.
Nous avons depuis longtemps reconnu dans cet individu un *H. melanurus*
albinos. Il a le corps, la tête et les membres blancs et la queue noire,
ainsi que la prétendue espèce appelée *Mico* par Buffon.

8. O. MIGNON. *H. pygmæa.*   Du Pérou.

O. MIGNON, *Jacchus pygmæus.* . . . . Spix, *loc. cit.*, p. 32, pl. 24, fig. 2, 1823.

Cette charmante espèce se distingue entre les Ouistitis eux-mêmes, par sa petite
taille : c'est le nain de la famille des Singes. L'espèce est restée, longtemps après Spix,
en dehors des catalogues et des ouvrages des zoologistes. Presque tous les auteurs n'ont
voulu voir dans l'*H. pygmæa* que le jeune âge de l'une des nombreuses espèces du
Brésil et du Pérou. MM. de Castelnau et Deville ont enfin levé tous les doutes que l'on
pouvait conserver, en rapportant une série complète des âges de ce Singe.

Série d'individus du Pérou, mission de Sarayacu et Haut-Amazone,
près Éga, par MM. de Castelnau et Deville, envoi de 1847. Parmi eux
un tout jeune individu ; il ressemble déjà à l'adulte.

$\overset{\curlywedge}{\circ}$ Acquis en 1845. On le dit originaire de Colombie.

GENRE XXVI. — TAMARIN. *MIDAS.*

Genre créé en 1812 par M. Geoffroy Saint-Hilaire dans son *Tableau des Quadru-*
manes, et ayant pour type le Tamarin de Buffon, *Sim. midas* L., aujourd'hui *Midas*
rufimanus.

Beaucoup d'auteurs (et nous l'avons fait nous-même dans nos plus anciens travaux
sur les Primates) ont réuni ces Singes aux précédents. Nous avons aujourd'hui la certitude que les différences considérables du système dentaire, d'après lesquelles les vrais
Ouistitis et les Tamarins avaient été très-exactement distingués par M. Geoffroy Saint-
Hilaire, ne tiennent nullement à l'âge, et fournissent les éléments d'une détermination
générique rigoureuse.

SYNON. SAGOIN (en partie). . . . . Buff., t. XIV et XV.
     SAGOUIN , *Sagouin* (en partie).. . . . . Lacép., *loc. cit.*, 1799.
           Saguinus (en partie). . . . . Hoffmanns., *loc. cit.*, 1807.
           Hapale (en partie). . . . . Illig., *Prodrom.*, 1811.
     TAMARIN , *Midas.* . . . . Geoff. S.-H., *Tabl. des Quadr.*, 1812.
     MICROCÈBE (en partie). . . . . Blainv., *Ostéogr.*, 1841.

M. Lesson a admis ce genre dans son *Species* sous le nom , avec les caractères et avec les limites que lui
avait assignés M. Geoffroy Saint-Hilaire ; mais il a cru devoir le subdiviser en trois sous-genres, les Tamarins
proprement dits, *Midas* ; les Pinches , *OEdipus* , et les Marikinas , *Leontopithecus*. Ces prétendus sous-genres ,
comme ceux que le même auteur avait proposés d'établir dans le genre précédent , ne reposent que sur
quelques différences dans la disposition et la longueur des poils.

HAB. L'Amérique méridionale et la partie la plus chaude de l'Amérique septentrionale.

ESP. Divisibles en deux sections analogues à celles que nous avons admises dans le
genre précédent.

1° Espèces portant à la tête de longs poils.

A. *Espèces à longs poils autour de la face et sur presque toute la tête.*

Ce sont les *Leontopithecus* de M. Lesson.

1. T. MARIKINA. *M. Rosalia.*   Du Brésil.

MARIKINA. . . . .   Buff., t. XV, p. 108, pl. 16.
      Sim. rosalia. . . . .   Lin. (?)
MARIKINA.   *M. rosalia*. . . . .   Geoff. S.-H., *Tabl. des Quadr.*, 1812.

♂ Du Brésil. Du voyage de M. Geoffroy Saint-Hilaire en Portugal, 1808. Avant-bras d'un roux foncé, le reste d'un jaune ou d'un roux doré.

♂ ♂ De la Ménagerie, 1818 et 1824. Décolorés sous l'influence de la captivité; l'un d'eux a les cuisses et le bas du dos blancs.

o o Acquis en 1839. Tous deux différents des précédents par l'existence de faisceaux de poils très-foncés et presque noirs sur les parties latérales de la face, et chez l'un d'eux sur la ligne médiane du crâne. De plus, chez l'adulte, la queue et les avant-bras et mains tirent sur le noir. Nous croyons à l'existence de deux espèces confondues sous le nom de Marikina ou *Singe-Lion;* mais les éléments d'une distinction rigoureuse nous manquent encore.

2. T. CHRYSOMÈLE. *M. chrysomelas.*

M. chrysomelas. . . . .   Kuhl (d'après le prince de Wied-Neuwied), *loc. cit.*, p. 51, 1820.
SAHUI NOIR,   *Hapale chrysomelas*. . . . .   Pr. de Wied, *Abbildung. zur Naturgesch. Brasiliens*, liv. II, 1823.

M. Kuhl (*loc. cit.*) et M. Desmarest (*Mammalogie*, p. 95) ont tous deux presque simultanément, en 1820, fait connaître ce Tamarin sous le nom spécifique, encore inédit, que lui avait donné le prince de Wied-Neuwied, auquel la découverte en est due. Depuis, le prince de Wied a décrit avec détail et figuré lui-même cette belle espèce, mais sous le nom d'*Hapale chrysomelas*, parce qu'il n'admettait pas, comme Kuhl, la division des Hapaliens en *Hapale* ou *Jacchus* et en *Midas*.

♂ *L'un des types de l'espèce.* Du Brésil; acquis en 1820; provenant du voyage du prince de Wied-Neuwied.

o Donné par M. Édouard Verreaux, 1845. Mêmes couleurs (avec des nuances beaucoup moins vives) que chez l'adulte, la queue exceptée, qui est presque entièrement noire.

B. *Espèces à poils plus longs et redressés sur le milieu du front et le vertex.*

Dans les deux espèces de ce petit groupe, les parties latérales du front sont nues ou couvertes seulement de poils très-ras.

C'est le sous-genre *OEdipus* de M. Lesson.

3. T. PINCHE. *M. œdipus.*   De la Guyane et de Colombie.

      Simia œdipus. . . . .   Lin.
PINCHE. . . . .   Buff., t. XII, p. 114, pl. 17.
PINCHE,   *M. œdipus*. . . . .   Geoff. S.-H., *loc. cit.*, 1812.

Série d'individus parmi lesquels :

♂ ♂ (L'un d'eux conservé dans l'alcool). Donnés par M. Vanvert de Méan, 1850.

♂ (Conservé dans l'alcool). De Colombie, donné par M. Peneton, 1848.

4. T. DE GEOFFROY. *M. Geoffroyi*. De l'isthme de Panama.

OUISTITI DE GEOFFROY, *Hapale Geoffroyi*.. . . . . Pucher., *Revue zool.*, ann. 1845, p. 336.

Dans cette singulière et très-rare espèce, les poils du milieu du front sont moins longs et moins redressés que dans le Pinche.

♀ *Type de l'espèce.* De l'isthme de Panama. A vécu à la Ménagerie, à laquelle il avait été donné par M. Courtine, 1845.

2° *Espèces à poils ras (et parfois même à peau en partie nue) sur la tête.*

A. *Espèces chez lesquelles les lèvres ne sont pas blanches.*

Dans cette première espèce, très-singulière par sa tête en grande partie dénudée, les poils de l'occiput et de la nuque sont plus allongés que les poils du corps.

5. T. BICOLORE. *M. bicolor*. Du Brésil.

T. A MOITIÉ BLANC, *M. bicolor*. . . . . Spix, *loc. cit.*, p. 31, pl. 24, fig. 1 ; 1823.

♀ Du Brésil ; cédé au Muséum par le Musée d'histoire naturelle de Vienne, 1840. Individu provenant du voyage de M. Natterer.

♂ Du Brésil, Haut-Amazone, près Pébas, par MM. de Castelnau et Deville, envoi de 1847. Même coloration que chez l'adulte ; mais le front seul est nu ; des poils blancs sur le vertex.

6. T. NÈGRE. *M. ursulus*. Du Brésil.

TAMARIN NÈGRE. . . . . Buff., *Suppl.*, t. VII, pl. 32.
               Saguinus ursula. . . . . Hoffmanns.
TAM. NÈGRE,   *Midas ursulus*. . . . . Geoff. S.-H., *loc. cit.*, 1812.

♂ Donné par M. Labarraque, 1825.
♂ Donné par M. Coutzen, 1835.

7. T. AUX MAINS ROUSSES. *M. rufimanus*. De la Guyane.

TAMARIN. . . . . Buff., t. XV, p. 92, pl. 13.
            Sim. midas. . . . . Liu.
T. AUX MAINS ROUSSES, *M. rufimanus*. . . . . . . Geoff. S.-H., *loc. cit.*, 1812.

♂ (N° 21 de l'ancien Catalogue). De la Guyane.
♀ ○ De Cayenne, par M. Poiteau, 1822.
○ (N° 23 de l'ancien Catalogue). De la Guyane. Tout jeune ; il présente la coloration de l'adulte, et a déjà les quatre mains d'un jaune doré.

B. *Espèces à lèvres et nez blancs.*

8. T. LABIÉ. *M. labiatus*. Du Brésil (?).

T. LABIÉ. *M. labiatus*. . . . . Geoff. S.-H., *loc. cit.*, 1812.

Très-distinct par le roux-vif des parties inférieures et internes.

○ *Type de l'espèce.* Du Brésil (?) ; du voyage de M. Geoffroy Saint-Hilaire en Portugal, 1808.

9. T. A CALOTTE ROUSSE. *M. pileatus*. Du Brésil.

T. A CALOTTE ROUSSE, *M. pileatus*. . . . . . . Is. Geoff. et E. Dev., *Compt. rend. de l'Acad. des Sc.*, t. XXVII, p. 499 ; 1848.

Très-distinct par sa calotte d'un roux vif.

♂ *Type de l'espèce.* Du Brésil, Bas-Amazone, près Pébas, par MM. de Castelnau et Deville, envoi de 1847. C'est le seul individu que l'expédition ait pu se procurer.

10. T. A MOUSTACHES. *M. mystax.* Du Pérou.

T. A MOUSTACHÈS, *M. mystax.* . . . . Spix, *loc. cit.*, p. 29, pl 32.

Point de roux-vif inférieurement ni sur la tête ; poils blancs des lèvres plus longs que dans les précédents.

♂ ♂ Du Pérou, Haut-Amazone, près Saint-Paul, par MM. de Castelnau et Deville ; envoi de 1847.

C. *Espèces à lèvres blanches (mais non à nez blanc).*

11. T. ROUX-NOIR. *M. rufoniger.* Du Brésil.

T. ROUX-NOIR, *M. rufoniger.* . . . . Is. Geoff. et E. Dev., *loc. cit.*, 1848.

Dos, lombes, cuisses, jambes d'un beau roux marron.

♂ ♀ *Types de l'espèce.* Du Brésil, Bas-Amazone, près Pébas, par MM. de Castelnau et Deville, envoi de 1847.

12. T. DE DEVILLE. *M. Devilli.* Du Pérou.

Espèce nouvelle (1) rapportée, avec cinq autres également nouvelles et deux autres très-rares, par l'expédition de MM. de Castelnau, Weddell et Deville. Elle a, comme la précédente, les lombes, les cuisses, les jambes d'un beau roux marron, mais le dos annelé de noir et de gris, comme dans les espèces les plus connues du genre. Elle ressemble à cet égard aux trois suivantes, mais elle a la tête, le col, la partie antérieure du dos et les membres antérieurs noirs ; ce qui la distingue nettement des trois espèces suivantes. Les quatre mains et la queue sont noires.

♂ ♀ *Type de l'espèce.* Du Pérou, mission de Sarayacu, par MM. de Castelnau et Deville, envoi de 1847.

13. T. A FRONT NOIR. *M. nigrifrons.* ?

Autre espèce nouvelle. Le front est noir, ainsi que tout le tour de la face, mais non le dessus de la tête, qui est, comme la gorge, le col et les membres antérieurs, d'un brun finement tiqueté de roux ; les poils étant annelés vers la pointe de ces deux couleurs. Dos annelé de noir et de fauve ; croupe et membres postérieurs d'un roux tiqueté (non d'un roux vif comme chez les précédents et le *M. Weddellii*). Parties inférieures et internes d'un roux brunâtre ; mains et queue noires.

♂? *Type de l'espèce.* M. Édouard Verreaux a tout récemment procuré au Muséum cette jolie espèce, dont la patrie reste malheureusement inconnue.

14. T. A FRONT JAUNE. *M. flavifrons.* Du Pérou.

T. A FRONT JAUNE, *M. flavifrons.* . . . . Is. Geoff. et E. Dev., *loc. cit.*, 1848.

Généralement semblable au précédent, mais le front et une partie du dessus de la tête d'un jaune roux, finement tiqueté de noir.

---

(1) Indiquée sous le nom d'*Hapale Devilli*, ainsi que la suivante sous le nom d'*H. nigrifrons*, dans les *Compt. rend. de l'Acad. des Sc.*, t. XXXI, p. 875, décembre 1850.

☿ ♀ *Types de l'espéce.* Du Brésil, Bas-Amazone, près Pébas, par MM. de Castelnau et Deville, envoi de 1847.

15. T. d'ILLIGER. *M. Illigeri.* De Colombie?

Hapale Illigeri. . . . . Pucher., *loc. cit.*, ann. 1845, p. 336.

Tête noire; dos et lombes annelés de noir et de fauve; le reste du corps roux; la queue et les mains noires.

☿ *Type de l'espéce.* Acquis par les soins de M. Parzudaki en 1843. On le disait venu de Colombie.

16. T. de WEDDELL. *M. Weddellii.* De Bolivie.

M. Weddellii. . . . . E. Deville, *Revue zool.*, ann. 1849, p. 55.

Voisin des *M. rufoniger* et *Devilli* par le beau roux-marron des lombes, des cuisses et des jambes; lié aussi avec les trois précédents par quelques-uns de ses caractères, mais distinct de tous par son front blanc. La face se trouve ainsi tout encadrée de blanc.

☿ *Type de l'espéce.* De Bolivie, province d'Apolobamba, par M. Weddell, 1848.

IIe famille. — Les LÉMURIDÉS. *LEMURIDÆ*.

De même que la grande famille des Singes, *Simiidæ*, correspond au genre *Simia* de Linné, la famille des Lémuridés, *Lemuridæ*, est son genre *Lemur*, moins toutefois le *Lemur volans;* celui-ci est aujourd'hui le type du genre *Galeopithecus* et de la famille des *Galeopithecidæ*, qui forme la tête des Cheiroptères et le lien de ceux-ci avec les Primates.

L'établissement et la caractéristique de la famille des Lémuridés sont dus à Illiger, *Prodromus systematis Mammalium*, p. 73, 1811, et surtout à M. Geoffroy Saint-Hilaire, seconde partie du *Tableau des Quadrumanes*, insérée dans les *Annales du Muséum*, t. XIX, p. 156, 1812. La plupart des genres que comprend cette famille, avaient été créés par le second de ces zoologistes dès 1796 dans son célèbre mémoire sur les *Rapports naturels des Makis*, inséré dans le *Magasin encyclopédique*, 2e année, t. I, p. 20. Illiger n'a fait, en 1811, que proposer des noms nouveaux pour plusieurs d'entre eux.

Illiger a donné à cette famille le nom de *Prosimii* (1), et M. Geoffroy Saint-Hilaire, en 1812, celui de Lémuriens, *Strepsirrhini*. Le nom de Lémuriens a été bientôt adopté par plusieurs auteurs, et il est aujourd'hui généralement admis, sauf la terminaison qui a été modifiée selon les conventions actuelles de la nomenclature. M. Van der Hoeven, auteur d'une bonne monographie publiée en 1844 sous ce titre : *Bydragen tot de Kennis van de Lemuridæ of Prosimii* (Leyde, in-folio); M. Charles Bonaparte, *Conspectus systematis Mastologiæ*, 1850, et presque tous les auteurs, s'accordent à adopter le nom de *Lemuridæ* (2).

On est beaucoup moins d'accord sur les limites qu'il convient d'assigner à cette famille. Illiger ne comprenait parmi ses *Prosimii* ni le genre *Galago*, qui est inséparable des véritables *Lemur*, ni le genre *Tarsius*. M. Geoffroy Saint-Hilaire faisait au contraire de tous deux des Lémuriens, c'est-à-dire, selon la nomenclature actuelle, des Lémuridés; et ici, comme à tant d'autres égards, il a été suivi par tous les auteurs, et l'est encore par la plupart. Délimités d'après les caractères plus haut indiqués (3), les Lémuridés comprennent le genre *Galago*, mais non plus le genre *Tarsius*, devenu le type d'une petite famille qu'il compose seul jusqu'à ce jour.

Linné ne connaissait qu'un très-petit nombre de *Lemur*. Même après l'élimination du *L. volans* et du genre *Tarsius*, le groupe des Lémuridés, considérablement enrichi par les voyageurs de la seconde partie du dix-huitième et de la première moitié du nôtre, est devenu un groupe assez étendu, divisible d'une manière naturelle en trois tribus (4) :

Tribu I.   Indrisiens.   *Indrisina*. . .   Cinq molaires de chaque côté et à chaque mâchoire ; deux incisives inférieures (30 dents en tout).
Tribu II. Lémuriens.   *Lemurina*. . .   Six molaires ; quatre incisives inférieures (36 dents en tout). Tarses ordinaires.

---

(1) Brisson, *Règne animal*, p 220, avait donné au genre Maki, en 1756, le nom de *Prosimia;* mais il n'avait pas, comme on l'a dit et souvent répété, établi, sous le nom de *Prosimia* ou *Prosimii*, la famille des Lémuridés
(2) M. Lesson écrit *Lemuridæ*, et en français Lémuridées dans son *Species des Mammifères*, 1840.
(3) Voy. p 2.
(4) Voyez le tableau de notre *Classification parallélique des Mammifères*, publié par M. Payer, in-plano ; 1845.

Tribu III, Galagiens. *Galagina*. . . Six molaires; quatre incisives inférieures (1) (36 dents en tout). Tarses allongés.

De ces trois tribus, la première, qui est propre à l'île de Madagascar et aux îles adjacentes, et la seconde, qui appartient principalement à la même contrée, correspondent à la tribu des *Lemurina* de M. Charles Bonaparte. Notre troisième tribu, qui habite à la fois Madagascar et le continent de l'Afrique, correspond à la tribu des *Galaginina* du même auteur, moins le genre *Tarsius*.

Ire TRIBU. — LES INDRISIENS. *INDRISINA*.

Cette tribu correspond au genre *Indris*, tel qu'il a d'abord été établi par M. Geoffroy Saint-Hilaire, et tel que l'ont admis ou même l'admettent encore plusieurs auteurs.

Elle ne renferme que trois genres dont les caractères indicateurs peuvent être ainsi donnés :

Tête { allongée. Queue { très-courte. . . . . INDRI . . . . *Indris*. | allongée. . . . . PROPITHÈQUE. . *Propithecus*. | courte. Queue longue. . . . . AVAHI. . . . . *Avahis*.

GENRE I. — INDRI. *INDRIS*.

Genre mentionné en 1795 dans une liste de noms par MM. Cuvier et Geoffroy Saint-Hilaire dans leur célèbre mémoire sur la classification des Mammifères (*Magas. encyclop.*, 1re année, t. II, p. 164), et créé par M. Geoffroy Saint-Hilaire en 1796, dans son mémoire déjà cité sur les Makis. Il a pour type l'Indri de Sonnerat, *Lemur indri* de Gmelin. A cette espèce avait été associé d'abord, et l'est même encore par

(1) Quant aux incisives supérieures, elles sont normalement, chez tous les Lémuridés, au nombre de quatre, deux à droite, deux à gauche, avec un intervalle vide. Mais il tombe souvent, de très-bonne heure, une incisive de chaque côté ; de là le nombre de deux incisives seulement, attribué par beaucoup d'auteurs à divers Lémuridés.

Je fais connaître dans ce Catalogue un nouveau genre, *Lepilemur*, dont l'individu type n'a point du tout d'incisives supérieures. Il y a eu sans doute chute très-précoce des deux paires normales.

Tous les zoologistes, depuis Brisson et Linné, ont signalé les différences considérables qui existent entre le système dentaire des Singes et celui des Lémuridés, au point de vue de la *disposition* des dents, et particulièrement des incisives supérieures et des canines et incisives supérieures. Mais on avait laissé échapper les analogies non moins marquées qui existent entre ces deux systèmes dentaires, quant au *nombre* des parties dont il se compose. En rectifiant la vieille erreur qui a si longtemps fait prendre, à la mâchoire inférieure, les canines pour les incisives externes, et par suite attribuer *six incisives* inférieures aux genres qui en ont *quatre*, et quatre à ceux qui n'en ont que *deux*, on trouve que les formules dentaires, chez les Lémuridés, sont les suivantes :

$$\text{Tribu I . . . . } \quad \frac{2\ (2\ 1 + C + 2\ m + 3\ M)}{+\ 2\ (\ 1 + C + 2\ m + 3\ M)} \Big\} = 30\ D$$

$$\text{Tribus II et III. . } \quad 4\ (2\ 1 + C + 3\ m + 3\ M) \quad = 36\ D$$
$$\text{ou. . . . } \quad 4\ (2\ 1 + C + 2\ m + 4\ M) \quad = 36\ D$$

On voit que cette dernière formule ne diffère de la précédente qu'en ce que la troisième molaire se développe assez pour n'être plus considérée comme une simple petite ou fausse molaire.

Il suffit de comparer la formule

$$4\ (2\ 1 + C + 3\ m + 3\ M = 36\ D$$

qui est de beaucoup la plus ordinaire, à celle de la troisième tribu des Singes (voy. p. 3), pour reconnaître qu'il n'y a pas seulement analogie, mais identité.

La première tribu des Lémuridés reproduit de même exactement, quant à la mâchoire supérieure, la formule des Singes de la première et de la seconde tribu. A la mâchoire inférieure, on a de même encore $C + 2\ m + 3\ M$; mais on a seulement 1 au lieu de 2 I ; d'où le nombre total 30 au lieu de 32.

Voyez sur les caractères dentaires des Lémuridés, outre l'ouvrage spécial de M. Fr. Cuvier sur les dents, notre article MAKI du *Dictionnaire classique d'Histoire naturelle*, t. X, 1826; Geoffroy Saint-Hilaire, *Cours de l'hist. nat. des Mammifères*, 11e leçon, 1828 ; et Blainville, *Ostéographie*, 1839.

5

plusieurs auteurs, un autre Lémuridé, devenu le type d'un genre voisin, mais bien distinct, sous le nom d'Avahi.

SYNON.   *Lemur* (en partie). . . . .   Gm.
        INDRIS . . .   *Cebus.* . . . .   Cuv. et Geoff. S.-II., *Mém. sur la class. des Mammif.*, 1795.
        INDRI. . . .   *Indris.* . . . .   Geoff. S.-II., *Mém. sur les Makis*, 1796 (1), et *Tabl. des Quadrum.*, 1812.
                Lichanotus. . . . .   Illig., *loc. cit.*, 1811.
        ORANMAQUE ,   *Pithelemur.* . . . .   Lesson, *Species*, 1840.

HAB. Madagascar.
.ESP. Encore unique.

1. I. A QUEUE COURTE. *I. brevicaudatus.*   De Madagascar.

INDRI. . . . .   Sonnerat, *Voy. aux Indes orient.*, t. II, p. 142, pl. 88 ; 1782.
                Lemur indri. . . . .   Gm.
        I. A QUEUE COURTE ,   *I. brevicaudatus.* . . . . . .   Geoff. S.-II., *locis cit.*, 1796 et 1812.

   ○ *Type de l'espèce et du genre.* De Madagascar, par Sonnerat. Sujet de toutes les figures et description antérieures à 1834. Cet individu est resté, jusqu'à l'arrivée du suivant, le seul connu.

   ♂ De Madagascar, par M. Goudot, 1834.

   ♂ ○ ○ De Madagascar, par M. Goudot; acquis en 1838 et 1842. Les parties qui sont blanches chez l'adulte, sont grises chez le jeune, à l'exception de la tache coccygienne.

GENRE II. — PROPITHÈQUE. *PROPITHECUS.*

Genre établi par M. Bennett dans les *Proceedings of the zoological Society* de Londres, année 1832, p. 20, pour une espèce alors nouvelle.

SYNON.   *Macromerus.* . . . .   Smith , *African Zoology*, dans *The South African quart. Journ.*, t. II, p. 49 ; 1834.
                Habrocebus (en partie). . . . .   Wagner , *Sæugethiere* (supplém. à Schreber), 1840.

HAB. Madagascar.
ESP. Encore unique.
1. P. DIADEMA. *P. diadema.*   De Madagascar.

        P. diadema. . . . .   Benn., *loc. cit.*, 1832

♀ De Madagascar, par M. Goudot, 1834.

GENRE III. — AVAHI. *AVAHIS.*

Genre établi en 1834 par M. Jourdan sous le nom de Microrhynque (voy. plus bas la synonymie); nom auquel il a presque aussitôt substitué le nom d'Avahi. Le type est le Maquis à bourre de Sonnerat, *Lemur laniger* Gm.

Dès 1825, dans l'article INDRI du *Dictionnaire classique d'Histoire naturelle*, nous avions considéré le *L. laniger* comme devant vraisemblablement constituer un genre nouveau, lorsqu'il serait mieux connu. Un peu avant M. Jourdan, un naturaliste anglais avait admis ce nouveau genre, mais sans en préciser les caractères, et en employant, comme on va le voir, une nomenclature tout à fait inadmissible.

_____

(1) Dans ce premier travail, l'auteur avait écrit *Indri* en latin comme en français.

SYNON. INDRI. . . . . Indris (en partie). . . . Geoff. S.-H., *loc. cit.*, 1796 et 1812.
              Lichanotus (en partie). . Illig., *loc. cit.*, 1811.
              Indris. . . . . Smith, *loc. cit.*, 1834.
    MICRORYNQUE , Microrynchus. . . . . . Jourdan, *Thèse* inaug. à la Fac. des Sc. de Grenoble, 1834.
    AVAHI. . . . . Le même, dans le journal *l'Institut*, t. II , p. 231 ; 1834 (1).
    AVAHI. . . . Avahis. . . . . Is. Geoff., *Leçons de Mammalogie*, publiées par M. Gervais, p. 23 ; 1835.
              Habrocebus (en partie). . Wagner, *loc. cit.*, 1840.
    SEMNOCÈBE. . Semnocebus.. . . . . . . Less., *Species*, 1840.

Entre tous ces noms, les règles de la nomenclature prescrivent incontestablement l'adoption de celui qu'a proposé et définitivement admis M. Jourdan, véritable créateur de ce genre. *Habrocebus* et *Semnocebus* sont des noms beaucoup plus récents ; *Microrynchus* a été rejeté par son auteur lui-même presque aussitôt que publié, et il est complétement tombé en désuétude. Quant à l'application en propre du nom d'*Indris* à l'Avahi, elle est inadmissible ; ce nom appartient essentiellement à l'Indri de Sonnerat, *L. indri* des auteurs linnéens ; et le réserver, comme l'ont fait M. Smith et quelques auteurs anglais, au *L. laniger*, à l'exclusion de l'Indri (qu'ils appellent en propre *Lichanotus*), c'est faire une véritable transposition.

HAB. Madagascar.

ESP. Encore unique.

1. A. LANIGÈRE. *A. laniger*.   De Madagascar.

MAQUIS A BOURRES . . . . Sonnerat, *loc. cit.*, p. 142, pl. 89 ; 1782.
    L. laniger. . . . . Gmel.
MAKI, autre espèce. . . . . Buff., *Suppl.*, t. VII , p. 122, pl. 35 ; 1789.
    L. lanatus . . . . Schreb., dans les planches supplémentaires.

On a le plus souvent désigné cette espèce dans les ouvrages modernes sous le nom, d'*Indris longicaudatus*. C'est M. Geoffroy Saint-Hilaire qui lui a donné ce nom dans ses travaux plus haut cités (1796 et 1812), après avoir reconnu dans le Maquis à bourres de Sonnerat une espèce beaucoup plus rapprochée de l'Indri, malgré sa longue queue et quelques autres caractères extérieurs, que des vrais Makis.

♂ ♀ ♀ De Madagascar, par M. Bernier, 1834, sous le nom d'*Ampongue*. Le jeune est semblable aux adultes, à l'exception de la queue d'un gris roussâtre dans sa première moitié et d'un roux sale dans la seconde.

IIᵉ TRIBU. — LES LÉMURIENS. *LEMURINA*.

Cette tribu comprend tous les Lémuridés autres que les espèces comprises, selon la classification de M. Geoffroy Saint-Hilaire, dans le genre Indri, devenu la tribu des Indrisiens, et dans le genre Galago, devenu la tribu des Galagiens.

Elle renferme présentement sept genres, dont le premier, type de cette tribu et de toute la famille, est plus riche en espèces à lui seul que tous les autres ensemble. Il y a tout lieu de penser que cette tribu, lorsque l'île de Madagascar sera plus complétement explorée, s'enrichira d'un grand nombre d'espèces.

Le tableau suivant résume les caractères indicateurs de chacun des genres de cette tribu (1).

(1) On pourra remarquer que dans le petit tableau qui suit, et de même dans celui des Indrisiens (voy. p. 67), les genres ne sont pas ordonnés comme le sont entre eux les divers genres de Singes, particulièrement parmi les Cynopithéciens et les Cébiens (voy. les tableaux de ces tribus, p. 10 et p. 36 et 37).

Chez les Lémuriens, comme plus haut chez les Indrisiens, nous allons des genres où la tête est le plus allongée, à ceux où elle est le plus courte, savoir : des Makis aux Cheirogales, et des Indris aux Avahis. Dans la tribu des Galagiens (p. 79), les Microcèbes à tête conique et encore un peu allongée précéderont de même les Galagos à tête presque globuleuse. Ceux-ci sont évidemment, à leur place, puisqu'ils sont en quelque sorte la modification extrême du type des Lémuridés, et par suite le lien de cette famille avec les Tarsiers, qui composent la famille suivante. Aussi les auteurs ont-ils suivi ici, plus ou moins manifestement, la même marche générale : presque tous commencent par le genre *Lemur* ou le genre *Indris*, et finissent par le genre *Galago*.

Si l'on voulait suivre le même ordre dans la famille des Singes, il faudrait, parmi les Cynopithéciens,

PREMIÈRE SECTION. — *Genres à membres postérieurs beaucoup plus longs que les antérieurs.*

	longue.		Maki. . . .	*Lemur.*
Tête	courte. Queue	longue. Oreilles velues.	Hapalémure,	*Hapalemur.*
		moyenne. Oreilles membraneuses.	Lépilémure,	*Lepilemur.*
	très-courte.		Cheirogale,	*Cheirogaleus.*

SECONDE SECTION. — *Genres à membres antérieurs presque égaux aux membres postérieurs, ou les surpassant en longueur.*

	courte. Doigt indicateur antérieur, rudimentaire.		Pérodictique,	*Perodicticus.*
Queue	rudimentaire ou nulle. Membres	courts.	Nycticèbe . .	*Nycticebus.*
	antérieurs.	longs et très-grêles. . . .	Loris. . . .	*Loris.*

De ces deux sections, la première appartient tout entière à Madagascar et aux îles adjacentes. La seconde est, au contraire, sans représentants dans cette région.

GENRE IV. — MAKI. *LEMUR.*

On a vu que le genre *Lemur*, tel que l'a établi Linné, et tel que l'avait défini avant lui Brisson sous le nom de *Prosimia*, comprenait tous les Lémuridés alors connus. M. Geoffroy Saint-Hilaire a le premier, en 1796 (*loc. cit.*), divisé les *Lemur* en genres distincts, et réservé ce nom au groupe qui le porte aujourd'hui.

C'est Buffon qui a fait prévaloir en français le nom de Maki. Il a décrit sous ce nom trois espèces (t. XIII, p. 173 et suiv.).

SYNON. Maki, *Prosimia.* . . . . Brisson, *Règne anim*, p. 220; 1756.

M. Lesson a proposé dans son *Species* de reprendre le nom de Brisson et de rejeter celui de *Lemur*, consacré par l'adoption de tous les naturalistes depuis Linné. Le même auteur, dans le même ouvrage, divise les Makis en groupes qu'il nomme Mococos, Mongous, Maquis et Varis : ces groupes sont basés sur de simples caractères de coloration. Ces deux innovations n'ont pas été admises et ne pouvaient l'être (1).

HAB. Madagascar et les îles adjacentes.

ESP. Nombreuses. Plusieurs sont fort difficiles à distinguer, ou même douteuses.

1° *Espèce à queue annelée.*

1. M. MOCOCO. *L. catta.*   De Madagascar.

L. catta. . . . . Lin.
Mococo. . . . . Buff., *Hist. nat.*, t. XIII, p. 174, pl. 22.

♂ De Madagascar. Ayant vécu à la Ménagerie, à laquelle il avait été donné par M. Merlin (de Thionville). C'est l'individu dont M. Geoffroy Saint-Hilaire a donné la description et l'histoire dans la *Ménagerie du Muséum.* Il est figuré par M. Maréchal dans la collection des Vélins.

♀ De Madagascar. Donné par M. le duc de Richelieu, 1817.

marcher du genre *Cynocephalus* aux genres *Nasalis*, *Semnopithecus* et *Miopithecus*; parmi les Cébiens, du genre *Mycetes* au genre *Saimiris*. Or, on a toujours fait exactement l'inverse pour les premiers; et nous avons cru devoir le faire ici pour les uns et les autres. Nos séries vont des genres qui ont la tête courte et arrondie, à ceux qui l'ont le plus allongée, des *Nasalis*, *Semnopithecus* et *Miopithecus* aux *Cynocephalus*, et parallèlement, des *Saimiris* aux *Mycetes*. C'est l'ordre prescrit par les analogies plus ou moins marquées de l'organisation de ces animaux avec l'organisation de l'homme, dont nos premiers genres, dans chaque série parallèle, répètent les formes et les proportions crâniennes, les incisives, etc.; les derniers genres descendent au contraire, d'une manière très-marquée, vers les Quadrupèdes, et particulièrement vers les Carnassiers.

Ces remarques sur l'ordre inverse suivi parmi les Singes et parmi les Lémuridés ne sont applicables qu'à la coordination des genres dans chaque tribu. Pour la distribution des tribus dans l'une et l'autre famille, le même ordre a été suivi : les Indrisiens, qui ont cinq molaires, comme l'Homme, comme les Siniens et les Cynopithéciens, précèdent les Lémuriens, qui ont six molaires et trente-six dents comme les Cébiens.

(1) Non plus que les nouveaux noms spécifiques proposés par le même auteur pour presque tous les Makis.

2° *Espèces à queue de couleur uniforme, à longs poils formant inférieurement un demi-collier.*

2. M. VARI. *L. varius.* De Madagascar.

MAKI VARI. . . . . Buff., *ibid.*, p. 178, pl. 27.
      L. macaco. . . . . La plupart des auteurs modernes.

Cette espèce n'est pas, comme on l'a généralement admis, le *L. macaco* de Linné et d'Erxleben (qui est le *L. niger* Geoff. S.-H.).

Le nom que nous adoptons, en même temps qu'il répond au nom français de l'espèce, exprime bien le caractère de cette espèce, si singulièrement variée de noir et de blanc, et qui présente des variétés si tranchées.

Belle série d'individus qui se rapportent aux deux variétés depuis longtemps désignées par M. Geoffroy Saint-Hilaire sous le nom de Vari commun et de Vari à ceinture, et à une troisième non moins belle et non moins remarquable.

    a. Variété à *dos blanc* sur toute sa longueur.

♂ ♀ ○ ○ Donnés par l'impératrice Joséphine, 1809. Les trois jeunes, nés à la Malmaison du premier de nos individus, sont morts en naissant. Même distribution de couleur chez les jeunes que chez l'adulte, le blanc étant remplacé par du gris plus ou moins fauve.

♂ De la Ménagerie, à laquelle il avait été donné par M. Bertin-Duchâteau, 1847.

○ De Madagascar, par M. Goudot, 1838.

♂ (Conservé dans l'alcool.) De la Ménagerie, 1842.

    b. Variété à *dos blanc au milieu et en arrière*, noir en avant.

○ ♂ ♀ De la Ménagerie, 1837 et 1843.

    c. Noir ou brun sur le dos avec une *bande blanche vers le milieu*, et une autre plus petite près de la queue.

○ De la Ménagerie, 1809.

♀ ○ De Madagascar, par M. Bernier, 1834. Le jeune offre exactement la même distribution de couleurs que l'adulte.

3. M. ROUGE. *L. ruber.* De Madagascar.

M. ROUGE, *L. ruber.* . . . . Geoff. S.-H., *Tabl. des Quadrum.*, 1812.

○ ♂ De la Ménagerie, 1821 et 1839. L'un de ces individus a des bracelets blancs; l'autre a seulement quelques poils blancs aux tarses.

3° *Espèces à queue de couleur uniforme, ayant au-dessous des oreilles des poils roux plus longs (fraise).*

4. M. A VENTRE ROUGE. *L. rubricenter* (1). De Madagascar.

Belle espèce nouvelle, distincte dès le premier aspect de toutes les autres par ses parties inférieures et ses membres d'un rouge marron, très-peu différent de celui qui revêt les parties supérieures dans l'espèce précédente; dessus d'un brun-roux tiqueté; queue noirâtre. Fraise d'un rouge marron.

○ *Type de l'espèce.* De Madagascar, par M. Bernier, 1834, sous le nom de *Varec-ossi* (nom que l'on sait être commun à plusieurs espèces).

(1) Cette espèce et la suivante ont été indiquées par nous, sous les noms que nous leur donnons ici, dans les *Compt. rendus de l'Acad. des Sc.*, t. XXXI, p. 876, décembre 1850.

5. M. A VENTRE JAUNE. *L. flaviventer.*   De Madagascar.

Espèce voisine de la précédente ; elle est, comme celle-ci, d'un brun-roux tiqueté en dessus, avec les membres d'un roux marron et la queue noirâtre. Mais la gorge est blanche, le ventre jaune, la face externe des membres jaunâtre. La face est noire. Fraise d'un roux marron, peu étendue.

♀ ○ De Madagascar, par M. Bernier, 1834. Chez le jeune, la couleur jaune du ventre n'occupe guère que la région comprise entre les cuisses; le reste de la région inférieure est blanc; la queue est moins foncée.

♀ De Madagascar, par M. Goudot, 1838.

6. M. A FRAISE. *L. collaris.*   De Madagascar.

M. A FRAISE, *L. collaris.* . . . . Geoff. S.-H., *Tabl. des Quadrum.*, 1812.

Tête noire en dessus; la fraise d'un roux-clair doré.

♂ De la Ménagerie, 1819.
♂ Donné en 1828 par M. Polito, qui l'avait possédé vivant.

7. M. ROUX. *L. rufus.*   De Madagascar.

M. ROUX. . . . . Audebert, *Hist. des Singes*, fam. des Makis, 1800.
M. ROUX, *L. rufus.* . . . . Geoff. S.-H., *Catal. des Mammif.*, p. 34; 1803.

Fauve en dessus, blanchâtre en dessous; la tête noire sur la ligne médiane, blanche ou blanchâtre sur les côtés; fraise d'un roux jaunâtre.

M. Van der Hoeven a rétabli dans le système cette espèce, non admise par plusieurs auteurs; nous suivons, mais non sans quelque doute, l'exemple de ce savant zoologiste.

♀ (Nº 73 de l'ancien Catalogue.) *Type de l'espèce*, et sujet de la figure d'Audebert, Makis, pl. 2.

♂ De la Ménagerie, 1842. Diffère du précédent en ce que les parties latérales du dessus de la tête ne sont pas d'un blanc pur, les poils ayant leur pointe noire. Serait-ce une variété pâle de l'espèce précédente?

8. M. AUX PIEDS BLANCS. *Lemur albimanus.*   De Madagascar.

M. AUX PIEDS BLANCS (?). . . . . Briss., *loc. cit.*, p. 221; 1756.
M. AUX PIEDS BLANCS, *L. albimanus.* . . . . . . Geoff. S.-H., *Tabl. des Quadrum.*, 1812.

Gris en dessus avec la gorge et la poitrine blanches, le ventre roussâtre; fraise d'un roux cannelle se prolongeant supérieurement assez pour entourer l'oreille. Ce dernier caractère distingue mieux l'espèce que la couleur des mains, qui sont blanchâtres ou d'un fauve sale.

○ De Madagascar, par MM. Péron et Lesueur, expédition de la corvette *le Géographe*, 1803.

4º Espèces à queue unicolore, sans fraise.

9. M. A FRONT BLANC. *L. albifrons.*   De Madagascar.

M. A FRONT BLANC, *L. albifrons.* . . . . Geoff. S.-H., *Mém. sur les Makis*, 1796.

C'est à tort que M. Fr. Cuvier a dit la femelle privée de blanc à la tête.

♂ De la Ménagerie, 1820. Dessus de la tête blanc, depuis les yeux jusque par delà les oreilles; face noire.

♀ De Madagascar, par M. Goudot, 1834. Le blanc ne s'étend pas aussi loin; sur le vertex, une bande grisâtre allant d'une oreille à l'autre.

⚥ De Madagascar, par M. Bernier, 1836. Le front blanc sur les parties latérales, gris au milieu; occiput noir, ce qui a lieu aussi chez le précédent; une tache d'un fauve roux derrière la commissure labiale.

10. M. A FRONT NOIR. *L. nigrifrons.* De Madagascar.

M. A FRONT NOIR, *L. nigrifrons.* . . . . Geoff. S.-H., *Tabl. des Quadrum.*, 1812.

Voisin de l'espèce précédente par la couleur des parties inférieures; la gorge est blanche, le ventre roussâtre; mais le corps est d'un cendré tiqueté pur (au lieu de cendré-roux) sur le devant du dos, le col, les épaules et les membres de devant, tandis qu'il est cendré-roux sur le milieu du dos, la croupe et les cuisses. L'espace compris entre les yeux et les oreilles est noir.

o De la Ménagerie, 1839.

11. M. MONGOUS. *L. mongoz.* De Madagascar.

L. mongoz. . . . . Lin.
MONGOUS. . . . . Buff., *loc. cit.*, p. 198, pl. 26.

Cette espèce, fort commune, a sur le vertex une bande noire qui s'étend, tantôt sur le milieu de la tête seulement, tantôt sur la tête tout entière. Bien distincte de l'espèce précédente, qui a aussi une bande noire, par son pelage plus uniforme, cendré lavé de roussâtre en dessus, et d'un blanc roux en dessous. Il existe à la base de la queue une tache brune qui manque chez la précédente.

⚥ De Madagascar, par M. Goudot, 1838. Individu très-semblable à celui de Buffon et de Daubenton.

⚥ De Madagascar. Envoyé, en 1844, de Tasmanie par M. Jules Verreaux, auquel il avait été donné par M. le capitaine Swanton. Tête colorée comme chez le précédent; pelage un peu plus pâle.

⚥ ⚥ De la Ménagerie, 1830 et 1843. Tache noire du vertex plus étendue; mains plus rousses.

⚥ De la Ménagerie, 1824.

Tête généralement noire en dessus; il reste seulement derrière les yeux une indication de la portion ordinairement grise.

12. M. D'ANJOUAN. *L. anjuanensis.* De l'île d'Anjouan.

M. D'ANJOUAN, *L. anjuanensis* . . . . Geoff. S.-H., *Tabl. des Quadr.*, 1812.

Gris en dessus et en dessous jusqu'aux épaules; roux en dessus et en dessous dans tout le reste du corps; queue et cuisses roussâtres.

♀ *Type de l'espèce.* De l'île d'Anjouan.

A la suite des *L. mongoz* et *anjuanensis*, et entre ces espèces et les *L. coronatus* et *chrysampyx*, nous mentionnerons un individu qui reproduit plusieurs des caractères des uns et des autres, mais dont la détermination spécifique ne peut être donnée avec certitude.

⚥ De Madagascar, par M. Goudot, 1842. Il a vécu à la Ménagerie; malheureusement il est mort avant que son pelage, en très-mauvais état lors de son arrivée, eût repris sa coloration et son état normal. Généralement d'un gris roux un peu tiqueté, passant au roux sur la tête, le dessus du cou, les épaules, la face externe des membres, la base de la queue. Les quatre mains sont en partie blanchâtres. La face est noirâtre, ce qui rapproche ce

Maki des espèces précédentes, et ce qui l'éloigne des suivantes, auxquelles, à d'autres égards, on serait tenté de le rapporter. Est-ce une variété décolorée de l'une de ces espèces, ou serait-ce une espèce distincte?

13. M. couronné. *L. coronatus.*   De Madagascar.

> *L. coronatus.* . . . . Gray, *The zoology of H. M. S. Sulphur, Mammalia,* p. 35, pl. 4; 1843.

♂ ♀ ♂ De Madagascar, par M. Bernier, 1835.
♂ ○ De Madagascar, par M. Louis Rousseau, 1841. Chez le jeune, tache seulement noirâtre à l'occiput.
♀ Variété albine. De Madagascar, par M. Bernier, 1835. Blanc, avec le bandeau jaune caractéristique de l'espèce et quelques poils jaunes en arrière du bandeau et vers les angles des lèvres.

14. M. a bandeau d'or. *L. chrysampyx.*

> *L. chrysampyx.* . . . . Schuermans, *Acad. des Sc. de Bruxelles; Mém. des sav. étrangers,* t. XXII, 1848.

Diffère de l'espèce précédente par l'absence de la tache noire du vertex et par la couleur blanche des parties inférieures et externes.

♂ ♂ De Madagascar, par M. Bernier, 1835.
♀ De Madagascar, par M. Louis Rousseau, 1841.

Genre V. — HAPALÉMURE. *HAPALEMUR.*

Genre nouveau, ayant pour type le Petit Maki gris de Buffon, *Lemur griseus* Geoff. S.-H., espèce longtemps connue par un seul individu, le premier de ceux qui sont mentionnés ci-après. M. Geoffroy Saint-Hilaire avait pensé que les différences qui existent entre son *L. griseus* et les vrais Makis, pouvaient tenir à la jeunesse de l'individu du Muséum : cette supposition expliquait à la fois et la brièveté de sa tête et la petitesse de sa taille. L'arrivée en Europe de nouveaux individus a montré qu'il en est autrement, et que le *Lemur griseus*, très-différent à tout âge des vrais Makis, ne peut continuer à faire partie du même genre. C'est ce qu'ont admis déjà M. Wagner, quoiqu'il ne connût encore que l'ancien individu de nos Galeries, et M. Van der Hoeven, qui avait examiné un second individu au Musée de Leyde ; mais tous deux, en séparant le *Lemur griseus* des vrais *Lemur*, l'ont transporté dans le genre *Cheirogaleus* (voy. les ouvrages plus haut cités). Ce rapprochement ne peut être admis. Le *L. griseus* est moins encore un *Cheirogaleus* qu'un *Lemur*. Il est loin d'avoir la tête élargie et aplatie de ce dernier et les organes des sens aussi modifiés pour la vie nocturne. En attendant que je fasse connaître avec détail les caractères du nouveau genre *Hapalemur* (1) que j'établis pour le *L. griseus*, je signalerai, outre ceux qui résultent de la forme de la tête et des proportions des organes des sens, les deux caractères indicateurs suivants : oreilles courtes et velues (elles sont membraneuses chez les Cheirogales) ; l'incisive supérieure interne placée en avant de l'externe (les incisives sont en avant, presque sur la même ligne droite, chez les Cheirogales).

---

(1) J'ai voulu rappeler par ce nom les *Hapale*, dont ce genre reproduit quelques caractères par sa petite taille, ses proportions, son pelage tiqueté, etc.
Pour les naturalistes qui, non sans raison, repoussent les noms hybrides, je ferai remarquer que le mot ἁπαλός était passé dans la langue latine : on trouve dans les dictionnaires *Hapalus* et surtout *Apalus*, avec la signification de *tendre, délicat, mignon*.

Hab. Madagascar.

Esp. Deux, dont l'une encore douteuse.

H. gris. *H. griseus.*   De Madagascar.

Petit Maki gris. . . . .   Buff., *Suppl.*, VII, p. 121, pl. 24 ; 1789.
　　　　Lemur griseus. . . . .   Geoff., S.-H., *loc. cit.*, 1796.

o *Type de l'espèce et du genre.* (N° 6 de l'ancien Catalogue.) De Madagas-
　　car, par Sonnerat. Seul individu connu jusqu'aux voyages de MM. Gou-
　　dot et Bernier, et, par conséquent, sujet de toutes les descriptions et
　　figures publiées jusqu'à ces dernières années.

o′ De Madagascar, acquis en 1842 ; provenant de l'un des voyages de M. Gou-
　　dot. D'un gris-jaunâtre clair sur les parties supérieures et la face externe
　　des membres ; oreilles, joues, gorge, poitrine, face interne des bras,
　　des avant-bras, des cuisses et d'une partie de la jambe, blanchâtres ;
　　ventre jaunâtre ; queue et mains d'un gris lavé de noirâtre. Cet individu
　　ne paraît différer de celui de Sonnerat, en faisant la part de la vétusté
　　de ce dernier (1), que par la couleur plus jaune de son ventre.

2. H. olivâtre. *H. olivaceus.*   De Madagascar.

　　A pelage plus long, plus serré, plus touffu que le précédent et olivâtre, avec une
teinte de roux. Gorge grise plutôt que blanche et sur une moindre étendue ; joues
d'un gris tiqueté. Du reste, très-voisin extérieurement du précédent.

　　Je n'aurais pas admis l'*Hapalemur olivaceus* comme une espèce distincte, si je
n'avais connu que ses caractères extérieurs ; mais quelques caractères intérieurs
concordent avec ceux-ci. L'*Hap. olivaceus* a la mâchoire inférieure d'une forme notablement différente dans sa partie postérieure. Néanmoins, même en présence de
cette diversité de forme, quelques doutes subsistent pour moi, et cette espèce est encore une de celles dont j'aurais ajourné la publication, sans la nécessité de donner dans
le Catalogue un tableau complet de la Collection.

o′ o′ *Types de l'espèce.* De Madagascar, acquis en 1841. Nous devons ces
　　deux précieux Lémuridés aux soins de M. Guérin-Méneville. Quoique
　　très-jeune, le second individu ressemble déjà beaucoup à l'adulte.

Genre VI. — LÉPILÉMURE. *LEPILEMUR.*

　　Genre nouveau ayant pour type une espèce nouvelle, intermédiaire pour la taille
entre les *Lemur* et les *Hapalemur*, et reconnaissable extérieurement entre tous les
Lémuriens par sa tête conique, mais courte, ses oreilles assez grandes, rondes et
membraneuses, sa queue égale en longueur aux deux tiers du corps, et ses ongles tous
carénés, moins les deux premiers de la main postérieure, savoir, l'ongle subulé de
l'indicateur, et l'ongle du pouce, très-grand, large et absolument plat comme chez l'Indri.
Les ongles des pouces antérieurs, plus larges et plus aplatis que les autres, n'en ont
pas moins comme eux, sur la ligne médiane, une sorte de crête ou de carène.

　　Le système dentaire est très-singulier. Supérieurement, point d'incisives, ni même de
traces de leur existence passée ; les deux paires tombent donc ici de bonne heure,
comme il arrive si souvent, à l'une d'elles. Canines très-comprimées, sillonnées en de-

---

(1) On peut consulter sur l'individu de Sonnerat la description de Buffon, faite très-peu d'années après
l'arrivée de cet individu.

dans, avec un fort talon en arrière. La troisième molaire, intermédiaire, par la forme et les dimensions, entre les précédentes et les suivantes; celles-ci à trois tubercules, deux externes, un interne très-grand. Inférieurement, la première molaire très-grande, comprimée, ayant la forme d'une lame quadrilatère. Les cinq autres très-semblables par leur forme; elles sont comme tordues sur elles-mêmes de dedans en dehors, étant creusées d'une petite cavité longitudinale oblique de dedans en dehors et d'arrière en avant.

Je décrirai avec détail et je figurerai, dans les *Archives du Muséum*, le remarquable Lémurien auquel je donne le nom de *Lepilemur* (1).

Hab. Madagascar.

Esp. Unique.

1. L. MUSTÉLIN. *L. mustelinus*.   De Madagascar.

Environ 3 décimètres 1/2 du bout du museau à l'origine de la queue, qui est longue de 2 décimètres 1/2. Pelage roux, avec la gorge blanche, le front et les joues gris, les parties inférieures et internes d'un gris jaunâtre; le dernier tiers de la queue brun; le reste, les mains, le bas des jambes d'un gris jaunâtre. Les oreilles d'une couleur foncée dans leur portion postérieure et supérieure; le reste d'une couleur claire (vraisemblablement couleur de chair sur le frais).

Ce Lémurien rappelle au premier aspect, sous plusieurs rapports, les Phalangers; sous d'autres, les Kinkajous et les Martes : d'où le nom spécifique *Mustelinus*.

o *Type de l'espèce et du genre.* De Madagascar, d'où il a été rapporté par M. Goudot; acquis en 1842. Cet individu paraît être le seul de son espèce qui existe encore en Europe.

Genre VII. — CHEIROGALE. *CHEIROGALEUS*.

Genre établi en 1812 par M. Geoffroy Saint-Hilaire dans une notice insérée, à la suite de son *Tableau des Quadrumanes*, dans les *Annales du Muséum*. L'auteur ne connaissait alors les Cheirogales que par des dessins inédits de Commerson, conservés, avec les manuscrits de ce célèbre voyageur, à la Bibliothèque du Muséum d'histoire naturelle.

SYNON.	*Cheirogaleus*	Geoff. S.-H., dans les *Ann. du Mus. d'Hist. nat.*, t. XIX, p. 171; 1812.
CHEIROGALE. .	*Cheirogaleus*	Le même, *Cours de l'hist. nat. des Mamm.*, 11e leç., 1828 (2).
MYSPITHÈQUE,	*Myspithecus*	Fr. Cuv., *Hist. nat. des Mamm.*, 2e édit., p. 228; 1833.
	Chirogaleus	Wagner, *loc. cit.*, 1840.
LÉROMAQUE. .	*Mioxicebus* (en partie). .	Lesson, *Species*, 1840.
FÉLICÈBE. . .	*Cebugale*	Le même, *ibid*. (3).

Hab. Madagascar.

Esp. Plusieurs ont été indiquées, mais une seule a été bien décrite jusqu'à ce jour : c'est la suivante.

(1) De *lepidus*, agréable, joli.
(2) On voit que c'est tout à fait à tort que M. Lesson (*Species*, 1840) cite M. Geoffroy Saint-Hilaire comme ayant substitué le nom de *Microcebus* à celui de *Cheirogaleus* dans son *Cours de l'hist. nat. des Mammifères.* (Voy. plus bas l'article relatif aux Microcèbes.)
(3) M. Lesson dit ce genre identique avec le genre *Cheirogaleus* tel que M. Geoffroy Saint-Hilaire le considérait en 1812, mais non plus tel qu'il l'a considéré en 1828. Nous ne croyons pas fondées les observations que fait à cet égard M. Lesson; il n'y a point de doutes pour nous que le *Ch. Milii* ne soit un vrai Cheirogale.

1. Ch. de Milius. *Ch. Milii.*   De Madagascar.

Maki nain. . . . .   Fr. Cuv., *Hist. nat. des Mamm.*, 1ʳᵉ édit., 1821.
Ch. de Milius, *Ch. Milii.* . . . .   Geoff. S.-H., *Cours sur les Mamm..*, *loc. cit.*, p. 25 ;
                                              1828.

Il est à remarquer que le Maki nain, *L. pusillus* Geoff. S.-H. (mémoire de 1796) n'est nullement l'espèce à laquelle Fr. Cuvier a transporté ce nom. Le Maki nain de M. Geoffroy Saint-Hilaire est le *Rat de Madagascar* de Buffon, aujourd'hui type du genre *Microcebus*.

♂ *Type de l'espèce.* De Madagascar. Cet individu a vécu à la Ménagerie, à laquelle il avait été donné par M. Milius, gouverneur de l'île de la Réunion, 1821. C'est celui que M. Fr. Cuvier a figuré sous le nom de Maki nain.
♀ De Madagascar, par M. Goudot, 1834.

2. Ch. furcifère. *Ch. furcifer.*   De Madagascar.

Espèce encore inédite; on la trouve seulement mentionnée sans description, et même sans indication abrégée, sous le nom de *L. furcifer*, dans l'*Ostéographie* de M. de Blainville, 1839 (1). Nous conservons le nom provisoirement donné par notre illustre collègue à cette espèce très-nettement caractérisée par son pelage gris, avec une ligne dorsale noire, se bifurquant à l'occiput en deux branches venant passer sur les yeux. Queue noire dans son dernier tiers.
♀ *Type de l'espèce.* De Madagascar, par M. Goudot, 1834.

Genre VIII. — PÉRODICTIQUE. *PERODICTICUS.*

Ce genre a pour type et pour unique espèce un très-singulier et très-rare Lémuridé, introduit dans la science sous le nom de Potto par Bosman, *Voyage en Guinée*, 1705. Jusqu'à ces dernières années, on ne savait encore sur cette espèce que ce que Bosman nous en avait appris. M. Geoffroy Saint-Hilaire, qui ne l'a jamais connue par lui-même, avait cependant saisi ses affinités avec les Nycticèbes, auxquels il l'avait provisoirement réunie (*Tableau des Quadrumanes*, 1812). Dans ces derniers temps, le Potto a été enfin retrouvé à Sierra-Leone; et il est devenu le type d'un genre établi par M. Bennett, *Proceedings of the Zoological Society of London*, 1830-1831, part. 1, p. 109. L'auteur a nommé ce genre *Perodicticus* et son unique espèce *Perod. Geoffroyi*. M. Lesson, adoptant les bases du travail de M. Bennett, a proposé (*Species*, p. 237, 1840) de nommer Potto, *Potto*, le nouveau genre, et son unique espèce *P. Bosmanii*.

Depuis, M. Van der Hoeven conservant au genre le nom de *Perodicticus*, comme M. Wagner l'avait déjà fait en 1840, mais restituant à l'espèce le nom de *Potto*, a fait connaître, sur ce singulier Lémuridé, plusieurs faits intéressants. Voyez le travail déjà cité, où le *P. potto* est figuré, et un mémoire spécial intitulé : *Bydrage tot de Kennis van den Potto van Bosmann* (dans les *Mémoires de l'Institut néerlandais*, 1ʳᵉ classe, t. IV, p. 1; 1851).

Le *Perodicticus* est le seul genre, non-seulement de Lémuridés, mais de Primates, qui manque à la Collection du Muséum.

(1) M. de Blainville s'est abstenu de la décrire, parce qu'il savait que nous l'avions déterminée comme nouvelle, et que nous nous proposions de la faire connaître.
Nous l'avons mentionnée sous le nom de *Cheirogaleus furcifer*, en indiquant ses caractères, dans les *Comptes rendus de l'Acad. des Sc.*, t. XXXI, p. 876, déc. 1850.

Genre IX. — NYCTICÈBE. *NYCTICEBUS.*

Genre mentionné dès 1795, dans une liste de noms, par MM. Cuvier et Geoffroy Saint-Hilaire (1), et créé par celui-ci en 1812, sous son nom actuel, dans le *Tableau des Quadrumanes.* Il a pour type le *L. tardigradus* Linn. Ce genre et le suivant avaient été d'abord réunis par M. Geoffroy Saint-Hilaire sous le nom de *Loris*, lorsqu'il établit, parmi les Lémuridés, plusieurs grands genres, subdivisés depuis par lui-même ou par d'autres naturalistes.

SYNON. Cucang. . . *Bradicebus* . . . . Cuv. et Geoff. S.-H., *Mém. sur la cl. des Mamm.*, 1795.
. . . . *Bradylemur* (en partie). . . Blainv., *Ostéographie, Makis.* p. 12 ; 1840.
Bradymaque, *Bradylemur* . . . . Less., *Species*, p. 239 ; 1840.

Hab. L'Inde et l'archipel indien.

Esp. Peu nombreuses et peu distinctes.

1. N. DE JAVA. *N. javanicus.* De Java.

. . . . *L. tardigradus* (en partie). . . . . Lin.
N. DE JAVA, *N. javanicus.* . . . . Geoff. S.-H., *Tabl. des Quadr.*; 1812.

⚥ *Type de l'espèce.* De Java, par M. Leschenault, 1807. Individu de couleur pâle, peut-être pour avoir été conservé autrefois dans l'alcool.

♂ o De Java, par M. Diard, 1826.
♀ De la Ménagerie, 1848.

o (N° 81 de l'ancien Catalogue.) Individu provenant de la collection du Stathouder ; le même qui a été figuré par Vosmaer.

o Acquis en 1847. Pelage beaucoup plus long et plus moelleux que chez l'adulte ; poils à pointes blanches sur une assez grande étendue. Du reste, même distribution de couleurs que chez l'adulte.

2. N. PARESSEUX. *N. tardigradus.* De Sumatra et de Bornéo. De l'Inde (?).

. . . . *L. tardigradus* (en partie). . . . . . Lin.

C'est le *St. tardigradus* de M. Temminck (*Coup d'œil sur les possess. néerlandaises*, t. I, p. 323 ; 1846) et de M. Van der Hoeven. On a déjà vu que le *Lemur tardigradus* de Linné ne peut pas être rapporté spécialement et exclusivement à cette espèce ; les deux Nycticèbes ont été d'abord et sont restés longtemps confondus.

o (Incomplet). De Bornéo ; acquis en en 1850.

Genre X. — LORIS. *LORIS.*

Genre indiqué en 1792, sous le nom de Lorican, par Daubenton dans la classification publiée par Vicq-d'Azyr (*Système anat. des Quadrupèdes*, t. II, p. xcvij), et établi, sous son nom actuel, par M. Geoffroy Saint-Hilaire en 1796 : son type est le Loris de Buffon, à la suite duquel l'auteur plaçait d'abord (comme le font encore aujourd'hui plusieurs zoologistes) le Loris paresseux, aujourd'hui genre *Nycticebus*. C'est M. Geoffroy Saint-Hilaire qui a créé aussi ce nouveau genre, par l'établissement duquel le genre *Loris* s'est trouvé circonscrit dans ses limites actuelles.

(1) Leur célèbre mémoire de 1795 sur la classification des Mammifères se termine par une liste de genres où on lit : « Lory, *Prosimia* ; Cucang, *Bradicebus.* » Aucun caractère, aucune indication quelconque ne vient ensuite ; mais *Cucang* étant l'un des noms de pays d'un Nycticèbe, il est clair que *Bradicebus* est le genre *Nycticebus*, et par conséquent Lory, *prosimia*, le genre Loris.

SYNON. Lorican (en partie). . . . . Daubent., *loc. cit.*, 1792.
　　　Lory. . . . . *Prosimia.* . . . . Cuv. et Geoff. S.-H., *loc. cit.*, 1795 (1).
　　　　　　Stenops (en partie). . . Illig., *Prodromus*, 1811.
　　　　　　Bradylemur (en partie). Blainv., *loc. cit.*, 1839.
　　ARACHNOMAQUE, *Arachnocebus.* . . . . . Less., *loc. cit.*, p. 243; 1840.

Il semblerait résulter des indications données par plusieurs auteurs qu'Illiger est le véritable fondateur de ce genre. Illiger n'a fait que substituer, en 1811, le nom de *Stenops* à celui de *Loris*, qui date de 1796, comme il a substitué les noms de *Lichanotus* et d'*Otolicnus* aux noms donnés par M. Geoffroy Saint-Hilaire, depuis dix-sept ans déjà, aux genres *Indris* et *Galago*.

HAB. L'Inde continentale et l'île de Ceylan.

ESP. Unique. Les caractères assignés à une seconde espèce par M. Fischer, *Anatomie der Maki*, 1804, n'ont point été confirmés, du moins comme ayant une valeur spécifique.

1. L. GRÊLE. *L. gracilis.* · 　　　　　　　　De l'Inde et de Ceylan.

LORIS. Buff., t. XIII, p. 210, pl. 30; 1765.
L. GRÊLE, *L. gracilis.* . . . . Geoff. S.-H, *Mém. sur les Makis*, 1796.

Série d'individus parmi lesquels :

○○ De Ceylan, par M. Leschenault, 1822. L'un d'eux cendré avec le dessus blanc et le tour des yeux d'un gris brun; l'autre roussâtre en dessus, fauve-clair en dessous, avec la gorge blanche et le tour des yeux roux.

○ Acquis en 1850. Cendré en dessus et en dessous, avec le dessus des yeux brun.

○ (Conservé dans l'alcool.) Donné par M. Quoy.

○ (Conservé dans l'alcool.) De l'Inde, par MM. Eydoux et Souleyet, expédition de *la Bonite*, 1838.

♀ (Conservé dans l'alcool.) De l'Inde, environs de Pondichéry, où l'animal porte le nom de *Terangan*. Donné par M. Mouguier, 1836.

IIIe TRIBU. — LES GALAGIENS. *GALAGINA.*

Cette tribu correspond au genre *Galago* tel qu'il est circonscrit par M. Geoffroy Saint-Hilaire dans son *Tableau des Quadrumanes*. On ne connaît dans cette tribu, comme dans la première, qu'un petit nombre d'espèces. Je les répartis, à l'exemple de M. Geoffroy Saint-Hilaire et de la plupart des auteurs modernes, dans les deux genres suivants, dont le second sera sans doute ultérieurement subdivisé.

Membres postérieurs et organes de la vue ╿ très-développés. . . . . MICROCÈBE. *Microcebus.*
et de l'ouïe. . . . . ╰ extrêmement développés. . . . . GALAGO. . *Galago.*

De ces genres, tous deux établis par M. Geoffroy Saint-Hilaire, le premier est de Madagascar, le second de l'Afrique continentale et des petites îles adjacentes à ce continent.

GENRE XI. — MICROCÈBE. *MICROCEBUS.*

Genre établi en 1828 par M. Geoffroy Saint-Hilaire pour le Rat de Madagascar de Buffon, antérieurement compris parmi les Galagos.

SYNON. MAKINAT, *Myscebus.* . . . . '. Lesson, *Species*, 1840.
　　　　　Myocebus. . . . . Schinz, *Systemat. Verzeichn.*, t. 1, p. 105, 1844.

(1) Voyez la note de la page précédente.

Le genre *Scartes* de M. Swainson, *On the natural Classification*, *Synopsis*, p. 352 (1835), a pour type un Lémuridé figuré par Pierre Brown, *New illustrations of Zoology*, pl. 44 (1776), espèce imparfaitement connue, et que rien ne démontre différer génériquement du Rat de Madagascar de Buffon. La figure de Brown, citée comme excellente par un auteur récent, est manifestement erronée à plusieurs égards, et le court texte qui y est joint, ne laisse pas moins à désirer. Jusqu'à preuves nouvelles, nous ne saurions donc admettre le genre *Scartes* comme distinct du genre *Microcebus*.

HAB. Madagascar.

ESP. La suivante est encore la seule bien connue.

1. M. ROUX. *M. rufus.*   De Madagascar.

PETIT MONGOUS.		Buff., t. XIII, p. 177; 1765.
RAT DE MADAGASCAR.		Le même, *Suppl.*, t. III, p. 149, pl. 20; 1776.
MAKI NAIN. . . . . *Lemur pusillus.*		Geoff. S.-H., dans le *Bullet. philom.*, 1re part., p. 89; 1795.
GALAGO DE MADAGASCAR, *Galago madagascariensis.*		Le même, *Tabl. des Quadrum.*, 1812.
MICROCÈBE ROUX.		Le même, *Cours sur les Mammif.*, 1828.
	Microc. rufus.	Schinz, *Systemat. Verzeichn.*, t. I, p. 107; 1841.

Cette synonymie fait voir comment l'auteur du *Tableau des Quadrumanes*, après avoir ramené le Rat de Madagascar à la famille des Lémuridés, a saisi, lorsqu'il a eu de nouveaux matériaux, les rapports de ce prétendu Rat avec le dernier genre de la famille, les Galagos; puis, le connaissant enfin complétement, l'a isolé génériquement, mais sans l'éloigner de ceux-ci. M. Geoffroy Saint-Hilaire a cru devoir alors rejeter les anciens noms admis par lui, l'un, *Lemur pusillus*, convenable surtout par rapport aux Makis, tous de beaucoup plus grande taille, l'autre, par rapport aux Galagos, tous de l'Afrique continentale; et il a adopté un nouveau nom spécifique; usant du droit qu'un auteur a seul de changer, sans qu'il y ait une absolue nécessité, un nom imposé par lui à une espèce.

Je dois faire remarquer que M. Schinz, en acceptant et en traduisant en latin par *rufus* l'épithète spécifique *roux*, en appelant l'espèce *Microc. rufus*, attribue à tort ce nom à M. Wagner; le célèbre continuateur de Schreber nomme au contraire le même Lémuridé *Microc. murinus*. M. Schinz commet en outre une seconde erreur, et celle-ci beaucoup plus grave : il confond le *Galago Demidoffii*, espèce du continent africain et d'un autre genre, avec le *Microcebus rufus*.

Je dois encore faire remarquer qu'il n'est pas absolument certain que le Rat de Madagascar de Buffon soit le Microcèbe roux; la description de Buffon, où il n'est pas même dit un mot de la couleur de l'animal, et la figure, quoique faite d'après le vivant, laissent trop à désirer pour que l'on puisse se prononcer sans réserve.

Quant au nom de *L. murinus*, nom que plusieurs auteurs modernes empruntent à Gmelin et à Schreber pour désigner cette même espèce, il appartient essentiellement à l'individu figuré par Brown, individu à pelage gris, et non roux; c'est d'après celui-ci que M. Swainson a proposé le genre *Scartes*. (V. ci-dessus.)

Série d'individus parmi lesquels :

○ (No 78 de l'ancien Catalogue.) De Madagascar. C'est cet individu que M. Geoffroy Saint-Hilaire a décrit sous le nom de Maki nain.

○ De Madagascar. Rapporté du Cap de Bonne-Espérance par M. Delalande, 1820.

○ De Madagascar, par M. Goudot, 1834.

Λ Très-jeune (long seulement de 5 centim. 1/2), et déjà très-semblable à l'adulte.

GENRE XII. — GALAGO. *GALAGO* (1).

Genre indiqué en 1795 par MM. Cuvier et Geoffroy Saint-Hilaire, qui le mentionnent dans une liste de genres (2), et établi en 1796 par M. Geoffroy Saint-Hilaire dans son *Mémoire sur les rapports naturels des Makis*. Il a pour type l'espèce alors nouvelle que l'auteur a nommée *Galago senegalensis*.

(1) C'est surtout dans ce genre que la troisième molaire se trouve presque aussi développée que les suivantes, et que la formule dentaire devient, quant aux molaires, 2 m + 4 M. (Voy. p. 67.)

(2) On ne trouve d'ailleurs dans cette liste, déjà citée (p. 67 et 78), ni caractères, ni indications; le nom seul de *Khoyak*, qu'Adanson nous apprend être un des noms de pays du Galago du Sénégal, nous permet de lui rapporter le *Chirosciurus*.

Synon. Knoyak, *Chirosciurus*. . . . . Cuv. et Geoff. S.-H., *loc. cit.*, 1795.
　　　　　Otolicnus. . . . . Illiger, *Prodrom.*, 1811.
　　　　　Galago et *Galagoides*. . . . . Smith, *loc. cit.*, p. 31 et 32; 1835.

Les *Galagoides* de M. Smith sont les espèces qui n'auraient que deux incisives supérieures, et par conséquent trente-quatre dents en tout. Tels seraient, suivant lui, les *Galago senegalensis* et *Demidoffii*. Cette
caractéristique est erronée; ces espèces ont normalement quatre incisives supérieures comme les autres; seulement deux sont caduques, comme il arrive si souvent chez les Lémuridés.

Hab. L'Afrique.

Esp. On en connaît plusieurs, les unes fort voisines de l'espèce type; deux autres
remarquables par leur taille comparativement très-petite, pour l'une, très-grande, pour
l'autre, et par quelques caractères particuliers. Malheureusement elles sont jusqu'à
présent d'une telle rareté qu'il est impossible d'en faire une étude suffisamment exacte.

1. G. du Sénégal. *G. senegalensis*.　　　　　　　　　　　D'Afrique.

G. du Sénégal, *G. senegalensis*. . . . . Geoff. S.-H., *loc. cit.*, 1796.

♂ *Type de l'espèce et du genre.* Du Sénégal. Donné par M. de Nivernois, 1795.
　　Longtemps l'unique individu connu. Couleurs affaiblies par le temps.
♀ Du Sénégal. Donné par M. Delcambre, 1826.
♀ Du Sénégal. Donné par M. Cuvier, 1827.
o De Nubie. Cédé au Muséum par le Musée royal des Pays-Bas, 1823.
o o De l'intérieur de l'Afrique, bords du Nil Blanc, par M. d'Arnaud, 1843.
　　Considérés par quelques zoologistes comme distincts, mais ne différant
　　pas spécifiquement.
♀ Du Cap de Bonne-Espérance, Marikiva, par M. Jules Verreaux, 1828.
　　C'est le *G. Moholi* Smith. Notre individu est même l'un des types du
　　Moholi. Il est, en réalité, fort semblable aux précédents, et nous ne
　　voyons aucune raison de le rapporter à une espèce distincte.

2. G. a lunettes. *G. conspicillatus*.　　　　　De l'Afrique méridionale.

Espèce nouvelle voisine, mais bien distincte du *G. senegalensis* (dont, comme on
vient de le voir, le *G. Moholi* ne nous a pas paru différer). Elle a les oreilles plus
grandes encore, la queue rousse, et chaque œil entouré d'une tache noire, qui est surtout très-marquée sur les côtés de la racine du nez. L'espace compris entre les deux
taches noires est blanc (1).

♀ *Type de l'espèce.* De l'Afrique méridionale (vraisemblablement de Port-
　　Natal.) Acquis en 1845. Cet individu faisait partie de la riche collection
　　de M. Delgorgue.

3. G. Démidoff. *G. Demidoffii*.　　　　　　　De l'Afrique occidentale.

G. *Demidoffii*. . . . . Fischer, *Mém. de la Soc. des Natur. de Moscou*, t. I.
　　　　　　　　　　　　　　　　p. 24; 1806.

De la taille du Microcèbe roux, et, comme lui aussi, à pelage roux, d'où la confusion faite entre les deux espèces, quoique génériquement différentes, par M. Schinz et
quelques autres zoologistes. Nous pensons que cette espèce deviendra le type d'un
genre nouveau intermédiaire aux Microcèbes et aux vrais Galagos.

(1) Cette espèce a été mentionnée déjà dans la note publiée par nous, *Compt. rend. de l'Acad. des Sc.*
t. XXXI, p. 876, déc. 1850.

c.　　　　　　　　　　　　　　　　　　　　　　　　　　　　　　　6

♂ Du Gabon. Acquis en 1833.

3. G. A QUEUE TOUFFUE. *G. crassicaudatus.*   De l'Afrique occidentale.

G. A QUEUE TOUFFUE,   *G. crassicaudatus.* . . . . Geoff. S.-H., *Tabl. des Quadrum.*, 1812.

Cette espèce, très-remarquable et d'une extrême rareté, surpasse considérablement toutes les autres par sa taille et offre quelques différences organiques ; sa tête est plus allongée. Peut-être devra-t-elle aussi être isolée.

○ *Type de l'espèce.* Du voyage de M. Geoffroy Saint-Hilaire en Portugàl, 1808. Cet individu, que M. Geoffroy Saint-Hilaire regardait comme l'un des objets les plus précieux de sa riche collection, et qui paraît être resté unique en Europe, venait très-vraisemblablement de la Guinée.

IIIᵉ FAMILLE. — LES TARSIDÉS. *TARSIDÆ.*

Cette famille n'a été admise avant nous, telle que nous l'avons définie, par aucun auteur. M. Geoffroy Saint-Hilaire a compris parmi les Lémuridés le singulier Primate qui sert de type à la famille des Tarsidés ; c'est pour lui le dernier genre des Lémuridés (*Tableau des Quadrumanes*, 1812). Les auteurs ont généralement suivi M. Geoffroy Saint-Hilaire à cet égard ; les uns adoptant purement et simplement sa classification ; d'autres, la modifiant à quelques égards, et, par exemple, plaçant le genre *Tarsius*, non plus à la fin des Lémuridés, mais au milieu même de cette famille : intercalation qui rompt tous les rapports naturels et exclut toute idée de série.

Il n'est guère qu'un auteur qui ait, avant nous, séparé le genre *Tarsius* de la famille des Lémuridés ; c'est Illiger dans son *Prodromus systematis Mammalium*. Mais Illiger en sépare en même temps les Galagos, parce qu'il base la caractéristique de ses *Macrotarsi* (1), nom par lequel il désigne les Tarsiers et Galagos, sur la disposition allongée du tarse, et non sur l'ensemble des caractères organiques. Or, chacun sait aujourd'hui que les Galagos ont encore le système dentaire des Lémuridés, et plus spécialement des Lémuriens ; que la conformation de leur squelette reste aussi la même que dans cette famille. Le genre Tarsier, au contraire, a un système dentaire tout aussi différent de celui des Lémuridés, que ce dernier l'est du système dentaire des Singes. De même, son organisation interne, et particulièrement celle de son squelette, présente des modifications d'une très-grande importance, telles, par exemple, que l'atrophie partielle du péroné et sa fusion avec le tibia, absolument comme chez les Carnassiers, tandis que ces deux os sont encore complétement développés chez les Galagos, et offrent ainsi dans ce genre, aussi bien que chez les autres Lémuridés, la même disposition générale que chez les Singes et chez l'Homme.

On a vu plus haut que des caractères indicateurs très-faciles à saisir correspondent chez les Tarsidés aux modifications organiques qui les caractérisent essentiellement. (Voy. plus haut, p. 2.)

Les auteurs eussent depuis longtemps élevé le Tarsier au rang d'une famille, si l'on comprenait plus généralement ce principe sans lequel il n'est point de classification vraiment *naturelle* : dans la formation des groupes de divers degrés, on doit *peser* la valeur des caractères, et non *compter* les espèces qui viennent prendre place dans chacune des divisions établies. L'Aye-aye nous fournira bientôt une application bien plus remarquable encore de ce principe aussi essentiel que souvent méconnu.

Le Tarsier est-il encore le seul genre connu des Tarsidés? Selon M. Swainson, *On the natural History, Synopsis*, p. 352 (1835), un second genre, qu'il nomme *Cephalopachus*, devrait venir se placer près du genre *Tarsius*. Mais le caractère distinctif de ce genre paraît résulter seulement d'une différence d'âge, et il est même douteux que le *Tarsius bancanus* de M. Horsfield, qui serait le type de ce genre, constitue une espèce distincte. Les auteurs récents ont tous rejeté le genre de M. Swainson, à

---

(1) On voit que les *Macrotarsi* d'Illiger et les *Galaginina* de M. Ch. Bonaparte (voy. plus haut, p. 67), sont, sous d'autres noms, le même groupe. Il y a toutefois cette différence importante qu'Illiger fait de ses *Macrotarsi* une famille à part des Lémuridés, et M. Bonaparte, au contraire, de ses *Galaginina*, une subdivision des Lémuridés.

l'exception de M. Lesson, qui l'admet sous un autre nom, Hypsimaque, *Hypsicebus*. (Voy. *Species*, p. 253, 1840.)

Le genre Tarsier reste donc, jusqu'à présent du moins, un de ces types singuliers et isolés dans la création, un de ces *êtres monadaires*, comme disait Bacon, dont toutes les classes du règne animal offrent un plus ou moins grand nombre d'exemples.

GENRE UNIQUE. — TARSIER. *TARSIUS.*

Ce genre, qui a pour type le Tarsier de Buffon et que Storr a le premier admis en 1780, dans son *Prodromus*, est définitivement établi dans la science depuis un mémoire publié spécialement sur ce Mammifère par MM. Cuvier et Geoffroy Saint-Hilaire, *Magasin encyclopédique*, 1re année, t. III, p. 147, 1795. Quoique ses rapports avec les Primates eussent été déjà exprimés d'une manière heureusement approchée par quelques auteurs, et notamment par Erxleben (voy. plus bas), plusieurs auteurs avaient persisté jusqu'alors à nommer le Tarsier, à l'exemple de Gmelin, *Didelphis macrotarsus*.

SYNON. . . . . *Tarsius.* . . . . Storr, *loc. cit.*, 1780.
　　　　　TARSIER, *Tarsius.* . . . . Daubent., *loc. cit.*, xcvij, 1792.
　　　　　TARSIER, *Macrotarsus.* . . . . Cuv. et Geoff. S.-H.; *loc. cit.*, 1795.
　　　　　TARSIER, *Tarsier.* . . . . Lacép., *Tabl. de Classif.*, 1799.

A ces synonymes paraissent devoir être ajoutées, d'après ce qui a été dit plus haut :

　　　　　　　　　Cephalopachus. . . . . . . Swainson, *loc. cit.*, 1835.
　　　　　HYPSIMAQUE, *Hypsicebus.* . . . . Lesson, *loc. cit.*, 1840.

HAB. Quelques îles de l'archipel Indien.

ESP. L'espèce type est encore la seule bien connue (1).

1. T. SPECTRE. *T. spectrum.*　　　　　　　　　　　　De l'archipel Indien.

TARSIER, ... Buff., t. XIII, p. 87, pl. 9; 1765.
　　Lemur tarsier. . . . . Erxleb., *Syst. reg. anim.*, p. 71; 1777.
　　Lemur spectrum. . . . . Pallas, *Glir.*, p. 277, 1778.
　　Didelph. macrotarsus. . . . . Gmel.
　　Tarsius spectrum. . . . . Geoff. S.-H., *Tabl. des Quadr.*, 1812.

　♂ (No 83 de l'ancien Catalogue.) Provenant de la collection du Stathouder. Il
　　a été longtemps étiqueté comme originaire d'Amboine, d'après les indi-
　　cations autrefois obtenues en Hollande. Mais M. Temminck, qui connaît
　　si bien les productions de ces contrées, affirme qu'il n'y a point de
　　Tarsier, et même plus généralement, de Primates dans les îles Mo-
　　luques (2).

　o (Conservé dans l'alcool.) Donné par M. Temminck à M. Cuvier. J'ai dû à
　　l'obligeance de mon collègue M. Duvernoy, de pouvoir, en 1851, enrichir
　　la collection de zoologie de ce très-précieux Primate.

(1) M. Temminck, mieux placé qu'aucun autre naturaliste pour éclaircir les difficultés relatives aux espèces du genre Tarsier, dit à cet égard (*Coup d'œil sur les poss. néerland. dans l'Inde archipélagique*, t. III, p. 112; 1849) : « Le *Tarsius Daubentonii* est un double emploi du même animal (*T. spectrum*), et *T. bancanus* du docteur Horsfield a été établi sur un jeune sujet de l'année de cette espèce. » M. Temminck conclut qu'il n'existe qu'une espèce du Tarsier; mais il reconnaît dans la même note que le Tarsier de Cé-lèbes « a le bout ou flocon terminal de la queue noir; « celui de Bornéo a, au contraire, « cette partie d'un cendré fauve. » Une différence aussi marquée, si elle est constante, comme le dit M. Temminck, indique bien une diversité spécifique entre le Tarsier de Célèbes et celui de Bornéo. Il resterait à savoir lequel est le Tarsier de Buffon; c'est une question à peu près insoluble, malgré la description elle-même de Dau-benton, placée à la suite de celle de Buffon.

(2) *Ibid.*, p. 236.

IVe FAMILLE. — LES CHEIROMIDÉS. *CHEIROMYIDÆ.*

Cette quatrième famille, bien que ne comprenant qu'un seul genre et qu'une seule espèce, est aujourd'hui admise par la plupart des zoologistes. On s'accorde assez généralement aussi à placer le *Cheiromys* parmi les Primates.

C'est à M. de Blainville que l'on doit d'avoir définitivement reporté parmi ceux-ci le *Cheiromys*, placé avant lui par presque tous les naturalistes dans l'ordre des Rongeurs; mais il s'est refusé, jusque dans ses derniers travaux, à admettre la famille des Cheiromidés. Le Primate, éminemment remarquable, qui en est le type, n'est encore considéré par lui, même dans son *Ostéographie*, que comme une dernière et anomale espèce de la famille des Lémuridés.

Les auteurs, très-nombreux aujourd'hui, qui admettent le groupe des Cheiromidés comme appartenant à l'ordre des Primates, le placent tous à la fin de cet ordre. Il existe d'ailleurs entre eux des différences de nomenclature. Par exemple, cette quatrième famille est appelée par Illiger *Leptodactyla*, par M. Lesson *Pseudolemurideæ* (avec les Galéopithèques, rapprochement très-contraire aux rapports naturels), *Chiromyidæ* par M. Charles Bonaparte, etc.

GENRE UNIQUE. — AYE-AYE. *CHEIROMYS.*

M. Geoffroy Saint-Hilaire, dans un mémoire spécial, le premier qui lui soit dû, est le véritable créateur de ce genre qu'il avait cru devoir dédier à son illustre maître et collègue Daubenton (voy. *Décade philosophique*, t. IV, p. 193; 1795). Au nom primitivement donné à ce genre a été substitué celui de *Cheiromys*, proposé par M. Cuvier (1), d'accord avec M. Geoffroy Saint-Hilaire lui-même.

SYNON. AYE-AYE, *Daubentonia.* . . . . Geoff. S.-H., *loc. cit.*, 1795.
      AYE-AYE, *Aye-aye.* . . . . Lacépède, *Tabl. de Classif.*, 1799.
      AYE-AYE, *Cheiromys.* . . . . Cuv., *Tabl. de Classif.* dans l'*Anat. comparée*, t. I, 1800.
      Chiromys . . . . Illig., *Prodrom.*, 1811.

HAB. Madagascar.
ESP. Unique.

1. A. MADÉCASSE. *Ch. madagascariensis.*   De Madagascar.

AYE-AYE. Sonnerat, *Voyage aux Indes orient.*, t. II, p. 138, pl. 76; 1782.
      Sciurus madagascariensis. . . . . . . Gm.
      Ch. madagascariensis. . . . . Geoff. S.-H., *Catal. des Mamm. du Mus.*, p. 181; 1803.

♂ (N° 273 de l'ancien Catalogue.) *Type de l'espèce et du genre.* De la partie occidentale de Madagascar, par Sonnerat, qui en a fait don, en 1782, au Jardin des Plantes. Unique en Europe jusqu'en 1844, époque de l'arrivée de l'individu suivant. Il est par conséquent le sujet de presque tous les travaux publiés sur l'un des plus singuliers Mammifères connus, particulièrement des descriptions et figures données par Buffon (2) et par

_____

(1) « Nous avons préféré *Cheiromys*, dit M. Cuvier dans l'article AYE-AYE du *Dictionn. des Sc. nat.*, 1816, parce que l'usage de donner des noms d'homme n'est point reçu en zoologie comme en botanique. »
(2) Dans le septième volume des *Suppléments*, publié en 1789.

M. Geoffroy Saint-Hilaire; descriptions et figures souvent reproduites par les auteurs plus récents. La figure publiée en 1795 par M. Geoffroy Saint-Hilaire est gravée d'après un dessin de M. Maréchal, qui fait partie de la Collection des vélins du Muséum.

De Madagascar, par M. de Lastelle, 1844. Cet individu avait été pris vivant, et M. de Lastelle s'était empressé de l'adresser à la Ménagerie du Muséum, dont il eût été incomparablement l'objet le plus rare. Malheureusement le jeune Aye-aye est mort avant de nous parvenir : sa peau, préparée avec soin, et son squelette sont seuls venus enrichir les Collections du Muséum. Cet individu est incontestablement de la même espèce que le précédent. C'est un jeune mâle; sa taille est d'un peu plus de trois décimètres et demi, tandis que le sujet de Sonnerat a environ un demi-mètre (non compris la queue). Son pelage est, supérieurement, composé de deux sortes de poils, les uns, laineux, beaucoup plus nombreux et plus courts, gris dans leur première portion, noirs dans leur portion terminale; les autres, clair-semés au milieu des premiers, très-longs et très-secs, noirs avec l'extrémité blanche : d'où résulte un aspect général qui rappelle celui des grandes espèces de *Didelphis* dont notre individu se trouve avoir aussi à très-peu près la taille. La ressemblance, à laquelle ajoutent les oreilles nues et membraneuses de l'Aye-aye, est telle que, vu par derrière, on pourrait le prendre pour un Didelphe, sans sa queue longue et touffue qui forme pour lui un caractère aussi apparent qu'étranger au genre Didelphe. La tête du jeune Aye-aye est en très-grande partie d'un blanc sale, ainsi que la gorge et quelques points du bas-ventre; le reste est d'un noir brunâtre. En somme, l'Aye-aye que nous décrivons, ressemble à notre individu adulte par la coloration des parties supérieures et de la queue, sauf les différences produites par la vétusté chez celui-ci. Mais il en diffère par la face beaucoup plus complétement blanche, et au contraire, la poitrine noirâtre, tandis que la même partie est blanchâtre chez le sujet précédent. Aucun doute ne peut néanmoins s'élever sur l'identité spécifique des deux Aye-ayes.

L'Aye-aye de Sonnerat et celui de M. de Lastelle sont les seuls qui existent en Europe.

LISTE DES ESPÈCES

DE L'ORDRE DES PRIMATES

QUI ONT VÉCU OU VIVENT PRÉSENTEMENT A LA MÉNAGERIE DU MUSÉUM,

ET DE CELLES QUI S'Y SONT REPRODUITES (1).

FAMILLE DES SINGES.

I. SIMIENS.

TROGLODYTE CHIMPANZÉ.	*Troglodytes niger.*
ORANG BICOLORE.	*Simia bicolor.*
GIBBON CENDRÉ.	*Hylobates leuciscus.*
G. DEUIL.	*H. funereus.*

II. CYNOPITHÉCIENS.

SEMNOPITHÈQUE ENTELLE.	*Semnopithecus entellus.*
S. NÈGRE.	*S. maurus.*
MIOPITHÈQUE TALAPOIN.	*Miopithecus talapoin.*
CERCOPITHÈQUE HOCHEUR.	*Cercopithecus nictitans.*
C. BLANC-NEZ.	*C. petaurista.*
C. MOUSTAC.	*C. cephus.*
C. MONOÏDE.	*C. monoides.*
C. MONE	*C. mona.*
C. A DIADÈME.	*C. leucampyx.*
C. VERVET.	*C. pygerythrus.*
C. MALBROUCK.	*C. cynosurus.*
* C. GRIVET.	*C. sabæus.*
C. ROUX-VERT.	*C. rufoviridis.*
C. CALLITRICHE.	*C. callitrichus.*
C. WERNER.	*C. Werneri.*
C. PATAS.	*C. ruber.*
C. A DOS ROUGE.	*C. pyrrhonotus.*

(1) Des astérisques, placés en avant des noms, désignent les espèces qui se sont reproduites à la Ménagerie.

Presque toutes les espèces comprises dans cette liste ont été figurées, d'après le vivant, dans cette belle collection de peintures originales sur vélin, commencée il y a deux siècles par le célèbre Robert, toujours continuée depuis par les premiers artistes en ce genre, et présentement considérée, à juste titre, comme l'une des principales richesses du Muséum. Le nombre des *vélins* de Primates que possède aujourd'hui la Bibliothèque de l'établissement, s'élève à 113. La plupart sont dus à Maréchal, dont les peintures ne sont pas moins admirées des artistes que précieuses pour les naturalistes, et à ses dignes successeurs, MM. Huet et Werner.

CERCOCÈBE A COLLIER.	*Cercocebus collaris.*
C. D'ÉTHIOPIE.	*C. æthiops.*
* C. ENFUMÉ.	*C. fuliginosus.*
MACAQUE BONNET-CHINOIS	*Macacus sinicus.*
M. COURONNÉ.	*M. pileatus.*
* M. ORDINAIRE.	*M. cynomolgus.*
M. A FACE NOIRE.	*M. carbonarius.*
M. A PAUPIÈRES BLANCHES.	*M. palpebrosus* (1).
M. DES PHILIPPINES, albinos.	*M. philippinensis, var. alba.*
M. OUANDEROU.	*M. silenus.*
* M. RHÉSUS.	*M. erythræus.*
* M. MAIMON.	*M. nemestrinus.*
MAGOT PITHÈQUE.	*Inuus pithecus.*
CYNOPITHÈQUE NÈGRE.	*Cynopithecus niger.*
CYNOCÉPHALE HAMADRYAS.	*Cynocephalus hamadryas.*
* C. PAPION.	*C. sphinx* (2).
C. OLIVATRE.	*C. olivaceus.*
C. BABOUIN.	*C. babuin.*
C. CHACMA.	*C. porcarius.*
C. DRILL.	*C. leucophæus.*
C. MANDRILL.	*C. mormon.*

III. CÉBIENS.

SAÏMIRI SCIURIN.	*Saimiris sciureus.*
NYCTIPITHÈQUE FÉLIN	*Nyctipithecus felinus.*
CALLITRICHE MOLOCH.	*Callithrix moloch.*
SAJOU BRUN.	*Cebus apella.*
S. VARIÉ.	*C. variegatus.*
S. A TOUPET.	*C. cirrifer.*
S. A FOURRURE.	*C. vellerosus.*
S. COIFFÉ.	*C. frontatus.*
S. ÉLÉGANT.	*C. elegans.*
S. BARBU.	*C. barbatus.*
S. CAPUCIN.	*C. capucinus.*
S. AUX PIEDS DORÉS.	*C. chrysopus.*
S. A GORGE BLANCHE.	*C. hypoleucus.*
ATÈLE PENTADACTYLE.	*Ateles pentadactylus.*
A. COAÏTA.	*A. paniscus.*
A. NOIR.	*A. ater.*
A. BELZÉBUTH.	*A. belzebuth.*
A. AUX MAINS NOIRES	*A. melanochir.*
A. MÉTIS.	*A. hybridus.*
SAKI SATANIQUE	*Pithecia satanas.*

(1) Voy. *Additions*, p. 92.
(2) Plusieurs produits normaux de cette espèce sont nés à la Ménagerie, et, de plus, un hybride, ou, du moins, un individu qu'il y a lieu de croire hybride. Voy. p. 34.

IV. HAPALIENS.

OUISTITI VULGAIRE.	*Hapale jacchus.*
O. A PINCEAU NOIR	*H. penicillata.*
TAMARIN MARIKINA.	*Midas rosalia.*
T. PINCHE.	*M. œdipus.*
T. NÈGRE.	*M. ursulus.*
T. AUX MAINS ROUSSES.	*M. rufimanus.*

FAMILLE DES LÉMURIDÉS.

I. LÉMURIENS.

MAKI MOCOCO.	*Lemur catta.*
M. VARI.	*L. varius.*
M. ROUGE.	*L. ruber.*
M. A FRAISE.	*L. collaris.*
M. ROUX.	*L. rufus.*
M. A FRONT BLANC.	*L. albifrons.*
CHEIROGALE DE MILIUS.	*Cheirogaleus Milii.*
NYCTICÈBE DE JAVA..	*Nycticebus javanicus.*
LORIS GRÊLE.	*Loris gracilis.*

II. GALAGIENS.

MICROCÈBE ROUX.	*Microcebus rufus.*

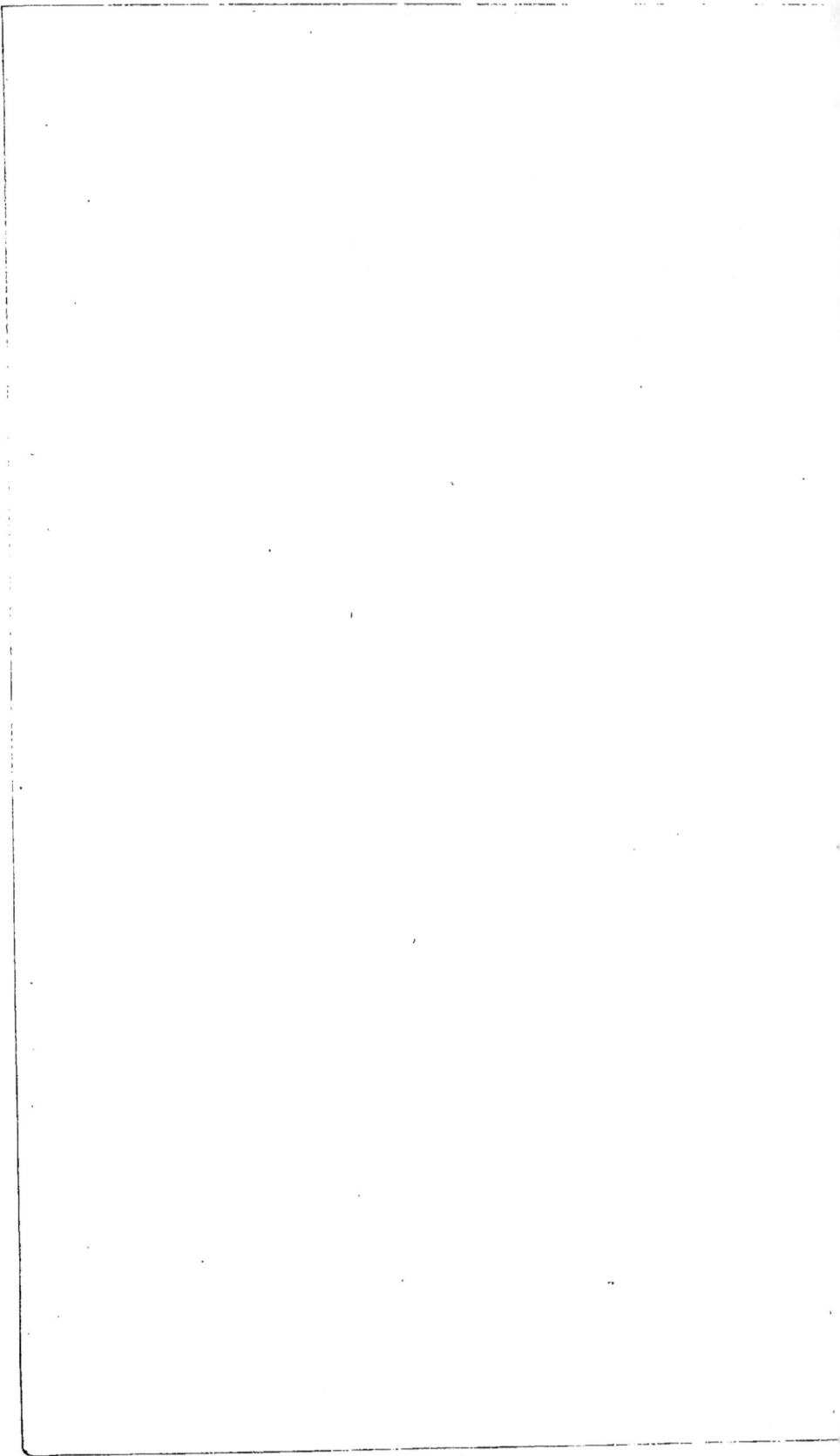

CORRECTIONS ET ADDITIONS.

CORRECTIONS [1].

Page 3, à la suite des caractères des Hapaliens, au renvoi (2) *substituer* (3).

Page 5, dans la citation de Lacépède, qui fait partie de la synonymie du genre Orang, à la date 1798 *substituer* 1799. (Voir la note 2 de la page 39.)

Page 7, dans la citation de Kuhl, qui fait partie de la synonymie du Gibbon cendré, à la date 1811, *substituer* 1820. (Voir la liste bibliographique placée en tête du Catalogue, p. vij.)

Pages 8, avant-dernière ligne, et 9, première ligne. Les indications de sexe et d'origine des deux Gibbons lars à pelage varié, ont été transposées par suite d'une erreur de copiste. C'est l'individu à pelage fauve uniforme qui est mâle, et qui a été rapporté de Malaca par MM. Eydoux et Souleyet. Réciproquement, c'est l'individu si bizarrement coloré de fauve et de noirâtre, qui est femelle, et qui provient du voyage de M. Diard.

Il n'y a d'ailleurs rien à changer aux détails descriptifs donnés sur l'un et sur l'autre.

Page 12, à l'article du Douc, après le signe ⚤, *ajouter* (Conservé dans l'alcool.).

Page 17, au haut de la page, au mot Cynopithéciens *substituer* Colobes.

Pages 19, 21 et 23, au même mot *substituer* Cercopithèques.

Page 22, dans les lignes relatives aux Grivets envoyés au Muséum par MM. Petit et Quartin-Dillon, *substituer* le nom spécifique *Callitrichus* au mot *Sabæus*.

Page 23, dans la première ligne de la description du Cercopithèque Werner, *substituer* le nom spécifique *Callitrichus* au mot *Viridis*.

Page 24, *substituer* les chiffres 16 et 17 aux chiffres 1 et 2, mis par inadvertance devant les noms des *Cercopithecus ruber* et *C. pyrrhonotus*.

Page 25, au haut de la page, au mot Cynopithéciens *substituer* Cercocèbes.

Pages 27 et 29, au même mot *substituer* Macaques.

Page 31, au même mot *substituer* Magots.

Page 41, dans les indications relatives aux jeunes Callitriches discolores, aux mots : en dessous, *substituer* en dessus.

Page 48, *substituer* les chiffres 2 et 3 aux chiffres 1 et 2, mis par inadvertance devant les noms des *Ateles paniscus* et *A. ater*.

Page 56, dans le titre de la seconde section des Sakis, *au lieu de* plus courte que le corps *substituer* plus courte que chez les précédents.

Ibid., dans les noms latins des deux derniers Sakis, à *S substituer P (Pithecia)*.

Ibid., dans les indications relatives au jeune *Pithecia satanas*, après ces mots : province du Para, *ajouter* : environs de Santarem, par MM. de Castelnau et E. Deville, 1847.

Page 57, dans les indications relatives à l'individu type du Brachyure chauve, à la date 1807, *substituer* 1847.

Page 64, le *Midas Devilli*, ayant encore le nez en partie blanc, doit être placé, sous le n° 11, avant le titre.

---

(1) Nous invitons les personnes qui se serviront de notre Catalogue, à vouloir bien, avant tout, corriger les fautes que nous indiquons, toutes celles du moins qui sont de nature à altérer le sens et à induire en erreur.

ADDITIONS.

A. *Additions à l'Introduction.*

Au moment même où s'achève l'impression de ce Catalogue des Primates, une circonstance heureuse vient de faire retrouver dans les papiers de feu M. Dufresne un document dont nous regrettons de n'avoir pas eu plus tôt connaissance. Il est écrit tout entier de la main de M. Geoffroy Saint-Hilaire, et contient sur l'état des Collections du Muséum en 1793 et sur leurs premiers accroissements des renseignements plus précis et plus complets que ceux qu'on a lus plus haut. Nous avons fait suspendre le tirage de cette feuille, afin de reproduire ici le document qu'on vient de nous communiquer.

Sur l'accroissement du nombre des Mammifères et des Oiseaux du Muséum d'histoire naturelle, depuis le 10 juin 1793, époque où j'ai été chargé de leur administration, jusqu'au 1er janvier 1809.

1° LES MAMMIFÈRES.

	En espèces, variétés et doubles.			En totalité.
Leur nombre.				
Au 10 juin 1793.	60	11	7	78
Au 1er janvier 1809	587	131	308	1026
Différence en plus. . .	527	120	301	948

2° LES OISEAUX.

	En espèces, variétés et doubles.			En totalité.
Leur nombre.				
Au 10 juin 1793.	»	»	»	463 (1).
Au 1er janvier 1809	1903	274	1234	3411
Différence en plus. . . .				2948

On a remplacé par de semblables objets les individus de l'ancien Cabinet que le temps avait détériorés, savoir :

       Sur 78 Mammifères. 60
       Et sur 463 Oiseaux. 361

Sources où l'on a puisé à l'égard. . . . . . . 1° *des Mammifères,* 2° *des Oiseaux.*

L'ancien Cabinet du Muséum pour.	18	102
. . . . (2)	...	....
La Ménagerie du Muséum.	175	170
. . . .	....	....
Total.	1026	3411

Si, de ce total, on déduit les objets de l'ancien Cabinet qu'on n'a pas encore pu remplacer par d'autres, savoir. . . . . 18 *Mammifères.*   102 *Oiseaux.*

On a pour l'accroissement effectif du Muséum en quinze ans.   1008   3309
A quoi, si l'on ajoute les objets donnés aux écoles centrales pris parmi les doubles; savoir.   329   1733
On trouve qu'on s'est procuré en quinze ans   1337   4042

Au Muséum d'Histoire naturelle, le 2 janvier 1809,

GEOFFROY S.-HILAIRE.

B. *Additions au Catalogue des Primates.*

Durant l'impression de ce Catalogue, un assez grand nombre de Primates sont arrivés au Muséum, les uns en peaux ou conservés dans l'alcool, d'autres vivants. Quel-

---

(1) D'après la note due à M. Dufresne, qui a été citée dans l'Introduction, l'ancien Cabinet aurait possédé 433 Oiseaux seulement, et non 463. Cette différence entre deux documents, sans nul doute rédigés d'après le même relevé numérique, ne peut s'expliquer que par un chiffre mal lu ou mal transcrit par M. Dufresne.

(2) Ici se trouvent indiqués les divers voyages et dons qui ont successivement enrichi le Muséum de 1793 à 1809. J'ai cru devoir supprimer cette liste, qui ferait en grande partie double emploi avec les indications données dans l'Introduction, p. III et IV.

ques-uns nous sont parvenus assez tôt pour être mentionnés en note ou même inter-calés dans le texte, lors de la correction des épreuves. Tels sont, par exemple, le Gibbon envoyé vivant par M. Léclancher et spécifiquement nouveau, que j'ai indiqué, p. 7, sous le nom d'*Hylobates funereus*, et le jeune Mandrill du Gabon, donné par M. de Castelnau, que j'ai décrit succinctement p. 35.

Parmi les Primates arrivés au Muséum après l'impression de la partie du Catalogue où ils auraient pu être cités, je me bornerai à indiquer un Macaque des forêts de Manille, dont quatre individus ont été, il y a quelques semaines, donnés à la Ména-gerie par M. Dugast, officier de la marine marchande; c'est ce Macaque qui figure dans la liste qui précède, sous le nom provisoire de *Macacus palpebrosus*. C'est une espèce à très-longue queue, plus longue que chez le Macaque ordinaire, à museau plus allongé et plus fin que chez celui-ci, à pelage d'un brun un peu olivâtre sur les parties supérieures du corps et externes des membres, blanchâtre sur les parties infé-rieures et internes, et roussâtre sur le dessus de la tête. Les paupières sont blanches, ainsi qu'une tache placée de chaque côté au-dessus de la paupière, et contrastant avec la couleur foncée soit de l'espace intermédiaire aux deux taches, soit de la face. Ces derniers caractères donnent à la physionomie du *Macacus palpebrosus* un caractère tout particulier.

Ce Macaque voisin à plusieurs égards du Macaque ordinaire, s'en éloigne à d'autres d'une manière très-marquée.

La conformation de sa tête et sa taille plus petite paraissent aussi le distinguer spéci-fiquement du Macaque albinos plus haut décrit. On conçoit du reste quelle est la diffi-culté de se prononcer à cet égard, tous les caractères tirés de la coloration nous faisant ici défaut.

La détermination ne pourra être donnée avec certitude que lorsque la mort de l'un de nos individus fournira les moyens de comparer avec soin et dans toutes leurs parties les Macaques de M. Dugast avec l'albinos précédemment rapporté du même pays par M. Chenest.

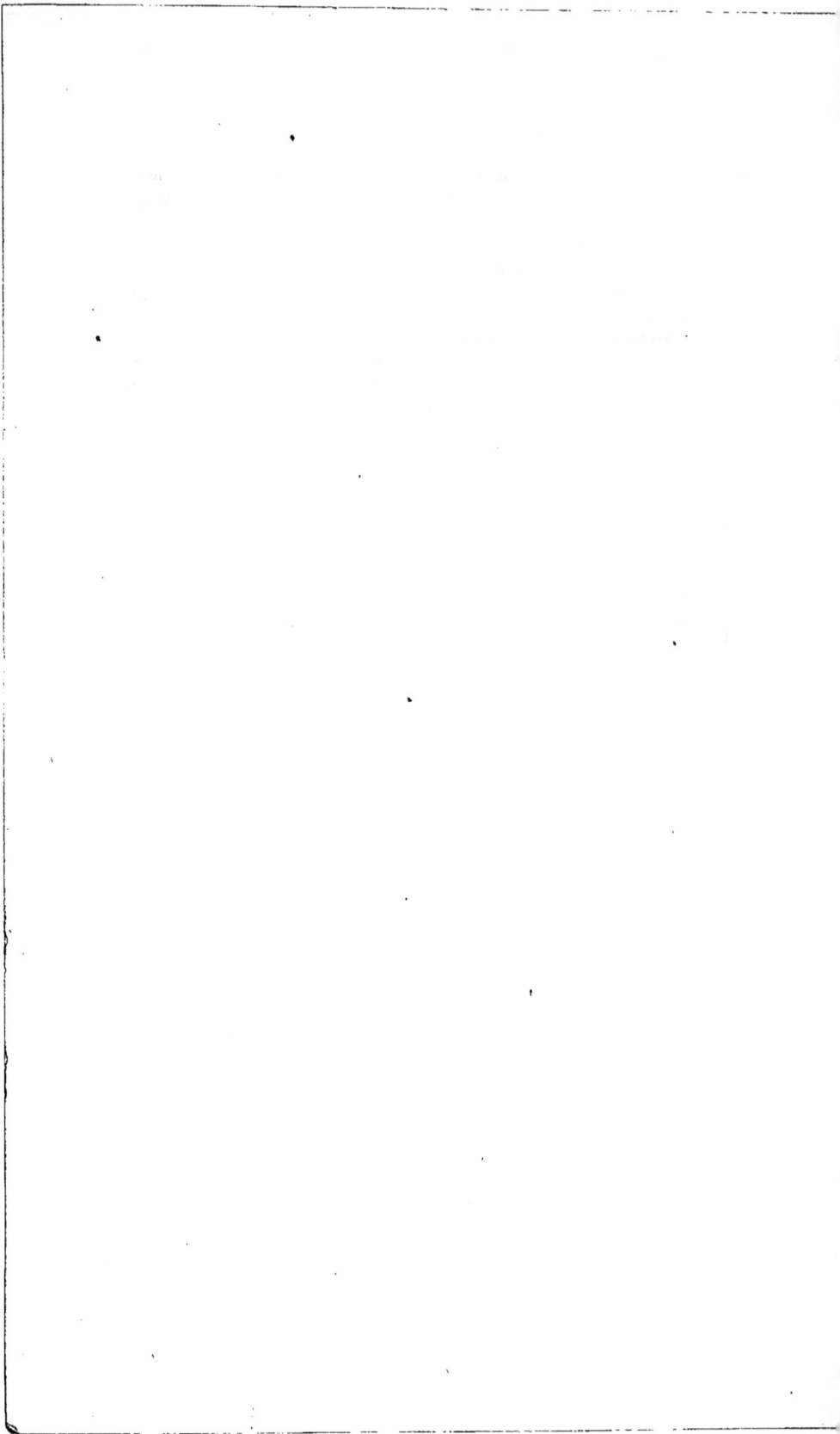

TABLE DES MATIÈRES.

PRIMATES.

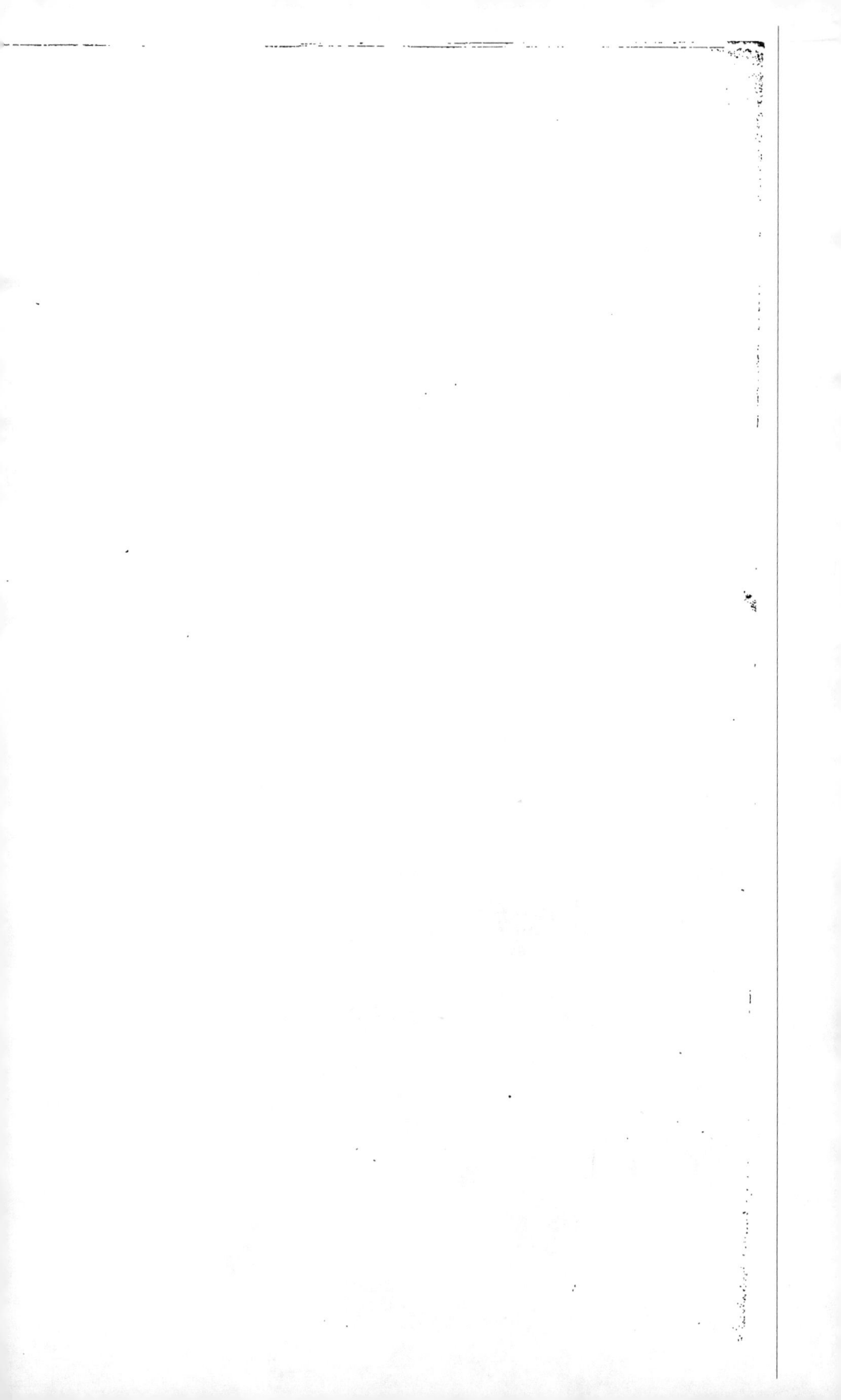

www.ingramcontent.com/pod-product-compliance
Lightning Source LLC
Chambersburg PA
CBHW071151200326
41519CB00018B/5177